MISE EN VALEUR

DES

TERRES PAUVRES

PAR

LE PIN MARITIME

PARIS

MISE EN VALEUR

DES

TERRES PAUVRES

PAR LE PIN MARITIME

Paris. Imprimerie de L. MARTINET, rue Mignon, 2.

BOITEL. Pin Maritime

Julien del. Imp. Lemercier Paris

RÉSINEUR EN OPÉRATION

MISE EN VALEUR

DES

TERRES PAUVRES

PAR

LE PIN MARITIME

Avec une Vignette et des Figures dans le texte

SUIVI

D'UN APPENDICE SUR LES TAUPES, LES MARAIS DES LANDES
ET LES VIGNES DE CAP-BRETON

PAR

AMÉDÉE BOITEL

INSPECTEUR GÉNÉRAL DE L'AGRICULTURE

Deuxième Édition

entièrement refondue

AVEC DES FIGURES DANS LE TEXTE ET UNE PLANCHE LITHOGRAPHIÉE

PARIS

LIBRAIRIE DE VICTOR MASSON

PLACE DE L'ÉCOLE-DE-MÉDECINE

M DCCC LVII

AVERTISSEMENT.

L'accueil que le public a bien voulu faire à ma petite brochure sur le Pin maritime m'engage à lui en offrir une édition plus complète et plus digne de sa bienveillante attention.

Au lieu de borner mon travail à la culture et à l'exploitation de cette essence dans les terres siliceuses de la Gascogne, mon premier champ d'observation, je l'ai étendu à la Sologne et à d'autres parties de la France où cet arbre peut rendre des services importants, en faisant rapporter du bois et des matières résineuses à des surfaces stériles et impropres à tout autre genre de production.

Je rapporte les faits tels que je les ai observés dans le sud-ouest et le centre de la France, où j'ai administré de grands domaines ruraux et forestiers. Quoique mes observations aient été recueillies dans des pays fort différents sous le rapport du climat et du sol, je n'ose me flatter que mon travail satisfasse complétement tous mes lecteurs. L'expérience m'a trop bien appris combien la culture et l'exploitation d'une essence forestière présentent d'anomalies et de particularités suivant les circonstances locales auxquelles son développement est subordonné. Je n'espère donc pas que les principes généraux qui découleront des faits observés par moi soient, dans tous les cas, d'une vérité et d'une exactitude incontestables, surtout quand on les appliquera à des localités qui me sont inconnues.

En refaisant cet ouvrage, je n'ai point eu la prétention de rédiger le catéchisme de la culture du Pin maritime, j'ai voulu seulement présenter au lecteur un recueil d'observations que je crois exactes et qui me paraissent devoir être de quelque utilité pour les propriétaires qui, par la comparaison et la discussion des faits, voudront perfectionner ou étendre l'exploitation économique du Pin maritime.

Parmi ces observations, il en est un certain nombre que je dois à des amis dont les travaux sérieux m'inspirent une confiance absolue. Je citerai principalement le chapitre des insectes parasites du Pin maritime, qui m'a été fourni presque en entier par mon savant ami, M. Perris, naturaliste à Mont-de-Marsan. Courréges, garde forestier des pinières de l'État, dont je déplore la perte récente, m'a aussi fourni quelques données pratiques qui ne sont pas sans importance pour le forestier. Enfin, j'ai quelquefois eu recours au bel ouvrage de M. le marquis de Chambray, pour me guider et m'éclairer dans mes recherches.

A. BOITEL.

Paris, 1er mars 1857.

INTRODUCTION.

UTILITÉ ET IMPORTANCE DU PIN MARITIME.

La France, si fertile et si bien cultivée sur quelques points, offre encore une étendue immense de terres incultes et improductives. Qui n'a entendu parler des vastes landes de la Gascogne, de la Bretagne, de la Sologne, de la Brenne, du Limousin, de la Corse et de tant d'autres provinces arides et dépeuplées? D'où vient qu'à cette époque de progrès et de perfectionnement pour notre agriculture, les plantes utiles tardent tant à remplacer les bruyères, les ajoncs et les genêts qui recouvrent ces terrains vagues et abandonnés? Telle est la question que s'adresse le voyageur emporté par la vapeur au milieu des immenses plaines de bruyères qui attristent son regard en Gascogne et en Sologne. La solitude qui règne dans ces parages, visités seulement par de pauvres bergers, forme un contraste frappant avec l'activité et le mouvement qui animent d'autres campagnes fort rapprochées de ces landes. On s'étonne que la stérile bruyère succède parfois si brusquement aux cultures les plus riches et les plus perfectionnées.

Les landes de la Sologne forment comme un désert entouré d'une magnifique ceinture de cultures développées dans les fertiles vallées de la Loire et du Cher. Il en est de même de la Gascogne, où l'on voit la lande ceindre de tous côtés des vallées, des champs, des vignes et des jardins parfaitement cultivés. En Corse, l'Oranger, l'Olivier, le Châtaignier, garnissent certaines surfaces entourées de toutes parts par des maquis, véritable lande, avec cette différence que, sous ce climat méridional, les ajoncs et les maigres bruyères sont remplacés par des Arbousiers, des Myrtes, des bruyères arborescentes, des Cistes et des Lentisques.

L'économiste sérieux qui parcourt ces landes de toute nature, avec d'autres préoccupations que celles d'un chasseur ou d'un romancier, ne se contente pas de l'observation directe des faits étranges qui frappent ses yeux; il examine les ressources naturelles du pays et interroge les praticiens les plus expérimentés, cherchant à s'éclairer sur les causes diverses qui maintiennent un état de choses si funeste aux progrès de l'agriculture et de la civilisation.

Ce n'est point ici le lieu d'énumérer et de discuter les causes nombreuses qui se sont jusqu'à présent opposées au défrichement des landes; il me suffira d'indiquer sommairement celles qui me paraissent les plus importantes et les plus urgentes à combattre, si l'on veut hâter la mise en valeur des terrains incultes.

En Sologne, le manque de calcaire, l'infécondité naturelle du sol, l'insalubrité du pays, l'ignorance des exploitants, le manque de capitaux, la rareté de la main-d'œuvre, l'indivision de la propriété soit entre les communes, soit entre les particuliers, les ruines éclatantes de quelques novateurs inexpérimentés : tels sont les obstacles principaux qui ont retardé la mise en valeur de la plus forte partie des terres incultes.

La Brenne se trouve à peu près dans la même position, sauf le calcaire qu'on s'y procure avec moins de difficultés. Il en est de même de la Gascogne, de la Bretagne et du Limousin, qui ne présentent avec les deux premières provinces d'autres différences que celles qui tiennent au climat, à la nature du sol et à certains usages locaux.

Quant à ces landes du département des Basses-Pyrénées, des Hautes-Pyrénées et d'une partie du département des Landes, qu'on est étonné de rencontrer au milieu des exploitations les mieux cultivées, elles sont maintenues comme faisant partie intégrante d'un système de culture dans lequel elles fournissent aux animaux une partie de leur nourriture et la litière qu'on demanderait en vain au maïs, la seule récolte qui soit cultivée en grand dans cette région.

Dans cette partie de la Gascogne, la lande est le pivot de la culture et joue un rôle aussi important que la prairie artificielle dans les riches assolements de la Flandre et de la Normandie. — Au critique qui prêche la destruction de la lande, le cultivateur de la Chalosse ou du Béarn répond : *Pas de lande, pas de maïs;* absolument comme on dit ailleurs : *Pas de fumier, pas de blé.*

Les cultivateurs les plus considérés pour leur habileté et leurs succès professent une véritable vénération pour leurs champs de bruyères, qu'ils ont soin d'aménager en coupes réglées, de manière à assurer leur provision annuelle de soutrage (c'est le nom de cette litière tirée des bruyères).

La seule amélioration qu'ils se permettent sur ces surfaces incultes, c'est d'y faire croître quelques Pins maritimes ou quelques Chênes-liéges, dont l'ombrage est reconnu plutôt favorable que nuisible aux herbes du pâturage et aux arbustes de la lande.

Quand la lande est, comme ici, greffée sur un système d'exploitation où elle soutient à elle seule la culture du maïs, cette céréale providentielle pour ces populations qui ne vivent que de méture (pain de maïs), sa suppression devient alors une œuvre difficile qui entraîne à une lutte ardente contre la routine et les préjugés locaux. Cependant on aurait tort de se laisser décourager par l'exemple de certains Normands, qui, en attaquant brutalement la suppression de la lande, sont venus, par un échec ridicule, donner raison aux défenseurs passionnés de l'ajonc et de la bruyère. Attendons encore quelque temps, et bientôt apparaîtront quelques agriculteurs d'élite qui, également forts sur les pratiques de leur localité et sur les principes généraux de l'agriculture, entreprendront courageusement une croisade opiniâtre pour la suppression des terres incultes, et feront voir que, sur un sol heureusement composé et sous un climat favorisé d'un beau soleil et d'une dose suffisante d'humidité, il est possible de pratiquer une agriculture rationnelle et avantageuse sans prendre pour base : *deux hectares de lande pour un hectare cultivé.*

En Corse, les maquis qui couvrent les neuf dixièmes de l'île tiennent à des causes essentiellement différentes: tantôt ils sont dus à l'état abrupt et rocheux des surfaces; le plus souvent ils sont le fait des habitants, qui, inactifs, insouciants et ignorants, dédaignent, malgré leur pauvreté, de s'adonner aux travaux de la terre. Cependant, que de bien-être ces petits propriétaires en guenilles retireraient de l'agriculture, s'ils se donnaient la peine de cultiver un terrain qui, grâce à la douceur du climat, est éminemment propre à toutes sortes de productions.

Quoi qu'il en soit, dans tous ces pays de landes il est un spectacle consolant et propre à rassurer le philanthrope sur l'avenir agricole de ces contrées : c'est que, partout où il survient un agriculteur sensé et capable, la lande disparaît et fait place à des semis forestiers, quelquefois même à des terres cultivées.

L'étendue est le défaut général des propriétés incultes : en Sologne, en Brenne et en Gascogne, il n'est pas rare de voir des exploitations d'une superficie de 1500 à 2000 hectares, de simples fermes de 150 à 300 hectares. Quand on possède une si vaste surface de mauvaises terres, il est prudent et sage de baser l'amélioration de son domaine moins sur la culture que sur les semis forestiers. Rien n'est plus dangereux que de vouloir appliquer immédiatement des assolements perfectionnés à de vastes étendues de landes. Le meilleur économiste ne peut supputer les dépenses énormes qu'entraînent le défrichement, le marnage ou le chaulage, le drainage, la construction des bâtiments d'exploitation, les mécomptes de toute espèce qui viendront entraver les spéculations culturales et animales. La Sologne, la Brenne, la Bretagne et la Gascogne offrent des exemples trop nombreux de ces novateurs téméraires qui, pleins des plus belles illusions au début, ont consommé leur ruine avant d'avoir accompli les premières opérations qui devaient les conduire au roulement normal de leurs exploitations.

C'est que les diverses combinaisons à adopter dans la mise en valeur des landes sont nombreuses, complexes et variées, et que, pour prendre la bonne route, il faut une sagacité et un coup d'œil que possède rarement l'émigrant qui vient cultiver dans une contrée nouvelle pour lui. Les opérations de défrichement, déjà fort difficiles pour les praticiens les plus capables de la localité, sont semées d'écueils et de périls pour l'améliorateur qui arrive d'une contrée fertile, où l'agriculture, pratiquée de la même manière par tout le monde, n'est plus pour ainsi dire qu'une savante routine. En pareil cas, le progrès consiste le plus souvent à faire un peu mieux que son voisin. Dans la mise en valeur des landes il faut, au contraire, suivre des sentiers non battus et généralement hérissés de mille obstacles imprévus.

Les défricheurs les plus prudents s'empressent de

recourir au boisement, afin de se débarrasser bien vite de ces vastes surfaces en friche, où ils courraient risque de se ruiner s'ils succombaient à la tentation de les mettre en culture.

Après tout, quel mal y a-t-il à s'emparer tout de suite des bruyères par les semis forestiers, qui coûtent si peu à établir! Ne serez-vous pas toujours le maître de reprendre sur ces boisements les quelques parcelles qui paraîtraient particulièrement favorables à l'assiette d'une culture régulière et avantageuse?

Malheureusement il n'est pas toujours si facile de passer ainsi brusquement de la lande au semis forestier.

Il est certain cas où, pour assurer le succès du boisement, on doit préalablement s'imposer les frais d'un défrichement coûteux et de quelques cultures propres à détruire les arbustes vigoureux, contre lesquels ne pourraient se défendre les essences appelées à croître sur le même terrain.

Soit que la bruyère ait été immédiatement convertie en bois, soit qu'avant d'entrer dans la période forestière on ait, à l'aide du noir animal, pratiqué quelques céréales nettoyantes, c'est presque toujours le Pin maritime qui a été choisi comme essence dominante des semis en terrain pauvre, sans doute parce qu'il a une croissance très rapide, et que sa graine, généralement bonne et peu chère, se trouve abondamment dans le commerce. Les propriétaires redoutent avec raison les ensemencements douteux comme ceux du Pin sylvestre, du Pin laricio et de l'Épicéa, qu'il faut attendre plusieurs années avant de pouvoir en constater la réussite ou l'insuccès.

Quant au Chêne et à plusieurs autres essences feuillues, on leur reproche de croître lentement et d'exiger des abris pendant leurs premières années de végétation.

Dans ce siècle où l'on est pressé de jouir, il est rare qu'on n'emploie pas le Pin maritime, même dans les conditions agrologiques les moins favorables à sa végétation. On l'associe volontiers aux autres essences résineuses, au Chêne, au Bouleau, au Châtaignier, avec la certitude que, si les autres plants ou les autres graines viennent à manquer, le Pin maritime garnira suffisamment le terrain pendant la première période du boisement. Quand tous ces semis simultanés réussissent également, rien n'est plus facile que de favoriser certaines essences aux dépens des autres. Le Pin maritime sert dans tous les cas d'abri aux plants qui souffriraient des gelées, et donne des produits vendables alors que le Chêne et le Bouleau seraient encore trop faibles pour être exploités.

La croissance rapide de cet arbre vert a été un attrait puissant pour les forestiers. Quelle essence pourrait, comme le Pin des landes, donner des produits après sept ou huit ans d'ensemencement, et offrir dès cette époque une force et une vigueur qui changent complétement l'aspect du pays, et font déjà voir une forêt naissante sur des landes naguère incultes et improductives.

Ajoutons à ces avantages celui de prospérer dans des sables légers et ingrats qui seraient impropres à toute autre production, et nous comprendrons facilement pourquoi le Pin maritime a une si large part dans la mise en valeur des bruyères.

Le forestier landais ou solonais montre avec orgueil les plaines considérables de bruyères qui, par ses soins, ont été transformées en forêts résineuses. A la lande où vivaient de chétifs troupeaux a succédé une immense futaie qui fournit en abondance des bois d'œuvre et de chauffage et diverses matières résineuses fort appréciées par le commerce.

Que de villages dont la fondation remonte à l'introduction du Pin maritime! Avant cette essence on manquait de bois de charpente et de bois de chauffage pour la cuisson des briques et des tuiles, matériaux indispensables pour construire des habitations dans des localités privées de toute espèce de voie de transport.

Je n'en finirais pas si j'énumérais ici tous les services rendus à l'humanité par le développement de cette essence résineuse.

Afin de ne point anticiper sur un sujet qui sera exposé avec détail dans le cours de cet ouvrage, je résumerai seulement par quelques traits saillants les principales applications de cette essence.

D'immenses plaines sablonneuses de la Gascogne, de l'Orléanais, de la Touraine et du Maine, ne sont devenues productives que par les semis de cet arbre vert.

Certains cantons, autrefois déserts et inhabités, ne doivent leur amélioration qu'au Pin maritime, qui a fourni les premiers matériaux indispensables pour la construction des maisons et des bâtiments d'exploitation. Par son bois et ses matières résineuses il rend une foule de services à l'industrie et à l'économie domestique. Le boulanger lui demande le combustible pour la cuisson de son pain ; le peintre, la térébenthine pour ses vernis et ses peintures; le marin, les goudrons pour ses cordages, les bois et les poix pour son navire et ses embarcations.

Aux bords de l'Océan, le Pin de Bordeaux a offert par sa végétation puissante et rapide le seul moyen efficace d'arrêter la marche des dunes, véritable mer de sable dont les vagues mobiles allaient au loin stériliser les champs et porter la désolation et la misère dans des centres importants de population.

Son abri protecteur contre l'action caustique des vents salés permet aux cultures de se développer dans le voisinage de la mer sur des surfaces qui seraient à jamais restées incultes et improductives sans la présence du Pin maritime, qui, mieux que toute autre essence, résiste énergiquement à la violence des vents et des tempêtes.

Il n'est point en France une localité où le Pin maritime soit inconnu; dans les terres fertiles où sa culture forestière serait un contre-sens économique, on lui réserve une place importante dans la décoration des parcs d'agrément.

Enfin cet arbre qui, dans la lande défrichée, apparaît comme le premier symptôme du progrès et de la civilisation se trouve encore mêlé à la découverte la plus belle et la plus extraordinaire de notre époque. N'est-ce pas, en effet, le Pin maritime qui partage avec deux de ses congénères le privilége de soutenir ces fils légers qui, en une seconde, transportent la pensée humaine aux deux extrémités du monde?

MISE EN VALEUR

DES

TERRES PAUVRES

PAR

LE PIN MARITIME.

PREMIÈRE PARTIE.

DESCRIPTION DU PIN MARITIME.

CHAPITRE PREMIER.

DES CARACTÈRES DISTINCTIFS.

Avant d'aborder les questions culturales et industrielles du Pin maritime, il est indispensable de le décrire, d'en étudier les différents organes au double point de vue du rôle qu'ils remplissent pendant la végétation, et des applications nombreuses dont ils sont l'objet, dès que cette essence est mise en exploitation. Voyons d'abord par quels caractères le Pin maritime se distingue facilement des autres essences résineuses.

Le Pin maritime (*Pinus maritima*), appelé encore Pin de Bordeaux, Pin des Landes, appartient, comme on le sait, à la famille des Conifères et à l'ordre des Abiétinées. On distingue le grand Pin maritime (*Pinus maritima major*), et le petit Pin maritime (*Pinus maritima minor*) ; ces variétés, car ce ne sont que de simples variétés, puisqu'il s'en rencontre d'intermédiaires, se distinguent surtout par la grosseur du cône : le petit Pin maritime, qu'on désigne aussi sous le nom de Pin du Maine, outre que ses cônes sont plus petits, présente aussi une certaine réduction dans la proportion de toutes ses parties organiques.

Cette essence se distingue facilement des autres arbres verts forestiers à l'aide des caractères résumés dans le tableau suivant :

	CARACTÈRES GÉNÉRAUX.
1er GROUPE : Pin maritime, Pin laricio, Pin sylvestre	*Feuilles longues*, 2 ou 3 réunies au même point d'insertion.
2e GROUPE : Sapin, Épicéa, Mélèze. .	*Feuilles courtes*, isolées ou réunies en très grand nombre au même point d'insertion.

CARACTÈRES SPÉCIAUX.

	Longueur moyenne des feuilles. Centim.	CÔNES. Longueur moyenne. Centim.	CÔNES. Diamètre moyen. Centim.	
Pin maritime .	15	10	5	Graine de grosseur moyenne, ayant 7 à 8 millimètres de longueur.
Pin laricio. . .	10	5	4	Graine petite.
Pin sylvestre. .	8	4	3	Graine plus petite que celle du laricio, écorce du tronc rougeâtre.

Sapin . . . . . Feuilles isolées disposées comme les barbes d'une plume, ayant deux lignes blanches à la face inférieure ; cônes dressés, écailles du cône se détachant de l'axe avec la graine.

Épicéa. . . . . Feuilles isolées épaisses, cônes pendants et à écailles persistantes.

Mélèze . . . . . Feuilles réunies en très grand nombre au même point d'insertion, d'un vert tendre et tombant toutes pendant l'hiver.

Nous passons à la description des organes du Pin maritime en commençant par l'étude de la racine.

CHAPITRE II.

DE LA RACINE.

Elle est franchement pivotante. Le pivot principal s'enfonce à une grande profondeur dans les terres saines et meubles. Autour du corps de la racine viennent se grouper de nombreuses ramifications qui se développent superficiellement en faisceaux horizontaux. Dans un terrain humide, argileux ou rocheux, on remarque que l'accroissement de la racine est moins sensible sur le pivot que sur les ramifications latérales.

La fibre de la racine, grosse, tenace, flexible, est enduite d'un suc résineux qui la protége contre la décomposition dans l'eau ; cette fibre, qui se divise facilement dans le sens de sa longueur, est utilisée pour tresser des corbeilles et des paniers de pêcheurs : la chaîne de ces paniers est en osier, et la trame en racine de Pin qui se conserve parfaitement dans l'eau. Les grosses racines ou vieilles souches sont principalement utilisées pour la production du goudron ou du bois de chauffage.

CHAPITRE III.

DE LA TIGE.

La tige est conique, verticale et recouverte d'une écorce rugueuse, crevassée. Le bois est constitué par des cellules ponctuées, allongées, et quelques trachées sont distribuées dans l'étui médullaire. Ce bois contient un suc résineux, renfermé surtout dans de grandes lacunes régulièrement disposées dans l'écorce. Ce suc résineux exsude de tous les organes lésés ou incisés, il découle d'abord liquide, visqueux et transparent; puis, par l'absorption de l'oxygène de l'air, il s'épaissit, se concrète, se solidifie et devient blanc et opaque.

Le tronc du Pin de Bordeaux atteint les plus belles proportions : sa hauteur moyenne dans l'âge adulte est de 15 mètres, son diamètre moyen de 30 centimètres. On rencontre des sujets qui ont jusqu'à 30 mètres de hauteur. Les dimensions que cette essence peut atteindre varient naturellement, suivant le sol et le climat, et suivant les soins dont elle est l'objet pendant le cours de sa végétation. Voici quelques exemples qui indiquent l'état de sa croissance dans des conditions déterminées :

CROISSANCE DU PIN MARITIME.

TIGE.	LOCALITÉS.	NATURE DU SOL.	TIGE. Longueur.	TIGE. Grosseur à 1 mètre au-dessus du sol.	AUTEURS qui ont recueilli les chiffres indiqués.	OBSERVATIONS.
			m.	m.	MM.	
3 mois.	Sologne.	Sable maigre.	0,02		Boitel.	Longueur de la racine 0,07
15	Id.	Id.	0,06		Id.	— 0,10
27	Id.	Id.	0,12		Id.	— 0,15
39	Id.	Id.	0,18		Id.	— 0,20
4 ans.	Id.	Id.	0,66		J. de Presle.	
5	Id.	Bruyère écobuée.	2,00		Id.	
5	Id.	Id.	2,20		Boitel.	
7	Maine.	Sable maigre.	3,66	0,23	Vétillart.	
10	Sologne.	Sable fertile.	5,50	0,35	J. de Presle.	
13	Id.	Sable très fertile.	6,66	0,40	Id.	
15	Gascogne.	Sable des dunes.	10,00	0,45	Dallier.	A 15 ans ces pins n'avaient pas encore été éclaircis.
16	Sologne.	Sable très fertile.	8,00	0,45	J. de Presle.	
17	Id.	Id.	8,33	0,45	Id.	
20	Id.	Sable sec graveleux.	7,50	0,45	Id.	
20	Gascogne.	Sable des dunes.	12,00	0,55	Dallier.	Il y avait 2,500 pins par hect.
25	Id.	Id.	13,00	0,72	Id.	Id. 2,000 id.
25	Sologne.	Sable maigre.	6,50	0,57	Boitel.	
31	Id.	Sable sec graveleux.	10,00	0,75	J. de Presle.	
40	Angleterre.	Inconnu.	18,00	0,90	Ann. of nat. history.	
42	Fontainebleau.	Sable maigre.	14,00	1,63	Boisdhyver.	Pins isolés.
42	Id.	Id.	17,00	1,16	Id.	Pins à l'état serré.
44	Normandie (Eure).	Sol silicéo-argileux.	11,70	1,73	Marquis de Chambray.	Cet arbre a dû naître isolé.
62	Id.	Id.	16,30	2,38	Id.	Id.
70	Gascogne.	Sable des dunes.	24,00	4,00	Courréges.	
70	Angleterre.	Inconnu.	27,00	0,75	Ann. of nat. history.	
80	Irlande.	Id.	21,60	0,82	Id.	
150	Angleterre.	Id.	24,00	1,20	Id.	
170	Gascogne.	Sable des dunes.	25,00	4,70	Courréges.	
170	Corse.	Sol granitique.	»	5,50	Vétillart.	

Le sujet de soixante-dix ans présentait, suivant Courréges, une tige sensiblement cylindrique : à 10 mètres de hauteur, elle avait encore 3 mètres de tour. Cet arbre remarquable, qui cependant n'était pas arrivé au terme de sa croissance, a fourni 300 planches ayant $2^{m},33$ de long sur $0^{m},22$ de large et $0^{m},03$ d'épaisseur. La racine et les branches ont donné environ 10 stères de bois de chauffage.

Le tronc du Pin maritime, entaillé pendant le cours de la végétation, fournit une matière résineuse qui forme l'un des principaux revenus du département des Landes. Après l'abatage, son bois a des usages multipliés dans les arts et dans l'économie domestique. Les petites tiges qui résultent des premières éclaircies donnent des échalas pour la vigne et les clôtures sèches. Elles servent encore au chauffage et à la fabrication du charbon. Ce charbon est d'une qualité très inférieure à celui de Chêne, ce qui n'empêche pas les marchands de le mélanger à ce dernier pour augmenter frauduleusement leur bénéfice. Les tiges droites et régulières, venues dans un bon sol et dans un massif judicieusement éclairci, sont utilisées dès l'âge de quinze à vingt ans pour servir de supports aux fils des télégraphes électriques. Avant de les employer à cet usage, on les injecte par le procédé Boucherie pour en augmenter beaucoup la durée. Ces mêmes tiges, un peu plus grosses, conviennent encore, après avoir été injectées et forées, pour des corps de pompe et des conduites souterraines telles qu'il en faut en agriculture pour l'application du procédé

Chadwick. Passé l'âge de quarante ans, on tire des sujets d'une belle venue des pièces propres à la charpente et à la confection des planches. Les tiges longues et régulières conviennent parfaitement pour l'établissement des pilotis sous l'eau, surtout quand elles ont été préalablement soumises au résinage pendant un certain nombre d'années. Le magnifique pont en pierre que l'on a construit récemment à Bayonne, sur l'Adour, repose sur un pilotis de Pin maritime résiné. Chaque pièce présente une longueur moyenne de 17 mètres et un diamètre moyen de $0^{m},35$.

La partie inférieure du tronc, labourée par les entailles du résinage, offre, entre les fibres, une forte proportion d'une matière résineuse solidifiée qui empâte le bois et lui donne un aspect veiné, brillant et pour ainsi dire diaphane. Ce bois est supérieur à celui qui n'a pas été résiné. Il est plus pesant, plus durable dans l'eau et dans l'air et incomparablement plus combustible. Le bois gemmé, pris à l'état vert et fendu en petites barrettes, brûle à la manière d'une chandelle de résine. Les Landais n'ont pas d'autre mode d'éclairage pour la pêche au flambeau qu'ils pratiquent dans les étangs. Cette partie de l'arbre, si riche en substance résineuse, est souvent associée aux vieilles souches pour la fabrication du goudron.

Quant au bois non résiné, on ne peut le ranger que dans la classe des bois blancs; il est inférieur en qualité, comme bois d'œuvre, au bois de Sapin et du Pin sylvestre; il dure cependant assez longtemps quand on l'emploie à l'intérieur pour la charpente et les planchers qui jouissent d'un air sec. Mais il s'altère et se décompose très promptement s'il est exposé à l'air humide des étables, s'il est en contact avec le sol ou des murs peu élevés, ou bien s'il est alternativement plongé dans l'eau et dans l'air.

Le bois de Pin maritime passe très vite au foyer; il a en outre l'inconvénient de répandre une odeur résineuse désagréable et d'éclater fréquemment, si l'on n'a pas la précaution de le dépouiller de son écorce. Cette braise incandescente, lancée au milieu des appartements, peut détériorer les meubles et occasionner des incendies.

Ce bois a plutôt les qualités d'un combustible qui convient aux boulangers. A Orléans, la cuisson du pain se fait généralement avec des cottrets de Pin maritime; il paraît bien constaté que son rendement en braise est très supérieur à celui du Bouleau.

Les boulangers de Paris commencent à se servir du Pin maritime; seulement, ils exigent qu'il soit préalablement écorcé pour éviter les éclats qui salissent les fours et en rendent la surveillance plus assujettissante.

CHAPITRE IV.

DES RAMIFICATIONS ET DES FEUILLES.

Les branches sont régulièrement disposées sur la tige en couronnes plus ou moins horizontales, les rameaux affectent la même disposition sur les branches principales. En comptant les couronnes, il est facile d'apprécier l'âge de la tige et celui des différentes ramifications. Les ramifications les plus grosses sont employées pour la fabrication du charbon. Les plus petites, qui sont plus ou moins chargées de feuilles, entrent généralement dans la confection des bourrées utilisées, comme on le sait, pour cuire le pain, les briques et les tuiles. Ces bourrées, carbonisées à vase clos, fournissent du poussier qui forme la base de ce que l'on appelle le *charbon de Paris*, ou qui sert à la préparation et à la désinfection de certains engrais.

Les feuilles sont coriaces, entières, étroites, aciculées, fasciculées par deux, et longues de 10 à 15 centimètres; elles durent deux étés et tombent au second hiver. Sur les sujets jeunes et vigoureux, on peut voir simultanément trois et même quatre générations de feuilles. C'est à cette succession non interrompue des feuilles que cet arbre doit le privilége de rester toujours vert. Seules ou associées aux ramifications qui les portent, elles servent tantôt comme combustible, tantôt comme litière remplaçant la paille dans la fabrication des fumiers. A Cap-

Breton (Landes) et dans d'autres localités où l'on manque de paille comme litière, les aiguilles de Pin sont communément employées dans la fabrication du fumier. M. Becquerel a analysé les jeunes ramifications couvertes de leurs feuilles; ce savant, à qui nous devons plusieurs mémoires fort intéressants sur la Sologne, a trouvé qu'elles contenaient :

Carbonate de potasse.	45,6
Phosphate terreux	31,1
Carbonate de chaux.	28,7
Silice	11,6
Sulfate de potasse.	8,3
Chlorures alcalins	1,4
Fer et pertes.	10,1
	136,8

Ce chiffre 136,8 avait été obtenu par la dessiccation à 100° de 10 000 parties, en poids, de la matière à analyser.

Cette cendre de Pin maritime présente une composition plus riche et plus fertilisante que celle de la paille de froment, analysée par M. Boussingault, qui y a trouvé :

Sels solubles.	19,50
Phosphates terreux	6,20
Carbonate terreux.	1,00
Silice	61,50
Chlorures alcalins	3,00
Oxyde de fer et manganèse.	1,00
	92,20

Des feuilles ou aiguilles de Pin maritime recueillies en Sologne ont été analysées au laboratoire de l'ancien Institut agronomique. Ces aiguilles, prises à l'état naturel, contiennent 1,744 pour cent de cendres composées de la manière suivante :

Silice	0,175
Chaux	0,304
Magnésie	0,120
Potasse	0,397
Soude	0,364
Oxyde de fer et d'alumine	0,065
Acide sulfurique	0,049
Acide phosphorique	0,240
Chlore	0,030
	1,744

La quantité d'azote n'est pas appréciable.

Avant de conclure que les aiguilles et les jeunes pousses de Pin valent mieux que la paille pour la fabrication des engrais, il faudrait savoir combien ces deux matières prises dans le lieu de production donnent de cendre et d'azote quand on les analyse sous le même poids et dans l'état d'humidité qu'elles présentent, lorsqu'on les incorpore aux fumiers à titre de litières.

Dans la Gascogne et dans la Sologne, le seigle occupe parmi les céréales le même rang que le Pin maritime parmi les essences forestières. Il serait donc fort intéressant de savoir, pour ces localités, si les aiguilles de Pin valent plus ou moins que la paille de seigle pour la préparation des engrais.

D'après Will Fresenius, la cendre de paille de seigle contient :

Potasse et soude	17,03
Chaux	8,98
Magnésie	2,39
Acide phosphorique	3,80
Acide sulfurique	0,81
Silice	63,89
Chlorures alcalins	0,81
Oxyde de fer et manganèse	4,35
	102,06

Cette cendre est plus pauvre que celle des jeunes pousses du Pin maritime, relativement aux substances qui semblent le mieux favoriser la végétation du froment. Il est très probable que des analyses comparatives, faites sur la paille de seigle et les aiguilles de Pin, telles qu'on peut les employer, amèneraient à cette conclusion : que ce sont les fumiers de feuilles de Pin maritime qui, toutes circonstances égales d'ailleurs, donnent les meilleures récoltes de blé.

CHAPITRE V.

DES FLEURS, DE LA FÉCONDATION ET DES CONES.

Le Pin maritime est monoïque : les fleurs sont pendant l'hiver renfermées dans un gros bouton entouré d'écailles brunâtres qui sont agglutinées par une matière résineuse. Au printemps ces boutons se développent, s'ouvrent et donnent naissance, les uns à des chatons mâles, et les autres à des chatons femelles.

Ces chatons sont fixés autour d'une jeune ramification terminée par un bouton qui, en se développant après l'acte de la fécondation, donne naissance à un nouveau bourgeon plus ou moins chargé de feuilles.

Fécondation. — A la fin d'avril, dans le Midi, les chatons mâles apparaissent violacés; ils continuent de grossir, et c'est pendant le mois de mai que se fait l'émission du pollen. Le chaton mâle est cylindrique; il porte à sa base huit à dix écailles.

L'étamine est constituée en une écaille peltée. L'anthère, fixée à la face inférieure de cette écaille, est à deux lobes qui s'ouvrent par une fissure longitudinale.

A l'époque de la fécondation, le pollen est si abondant, que tous les objets à portée des pinières en sont couverts. Les pluies précipitent cette poussière suspendue dans l'air, et partout où l'eau s'accumule en petite masse à la surface du sol, les ondes réunissent sur le bord de l'eau ce pollen en une écume jaune qui ressemble à de la fleur de soufre. On remarque encore cette écume pollinique au bord de la mer, des étangs et des rivières.

Cônes. — Les cônes, ou fleurs femelles, apparaissent alors gros comme le doigt. L'œil nu y découvre difficilement les ovules, le style et le stigmate; ces organes se trouvent enveloppés dans des écailles grosses, charnues, adhérentes et chargées de matière résineuse.

Chaque écaille porte à sa face supérieure, près de son insertion avec l'axe du cône, deux petites fossettes qui logent chacune un ovule creux et vide au sommet, ce qui le rend en ce point légèrement transparent. L'ovule est surmonté d'un style large, plane, membraneux, qui se prolonge jusqu'à la surface extérieure du cône aux lignes de jonction des écailles entre elles. Le stigmate, qui n'est ici que la terminaison linéaire d'une membrane, ne se distingue pas visiblement du style.

Lors de la dissémination du pollen, on remarque beaucoup de grains polliniques fixés dans les petites cavités où aboutissent les stigmates. Après la fécondation, les chatons mâles jonchent le sol, tandis que les cônes continuent leur développement. Les écailles, imbriquées en spirale autour de l'axe, deviennent épaisses et ligneuses; elles sont terminées par un épaississement rhomboïdal mucroné, et restent serrées les unes contre les autres pendant l'accroissement du cône.

Les premiers cônes paraissent dès l'âge de sept à huit ans sur les sujets qui ont crû dans de bonnes conditions. Mais les récoltes ne deviennent abondantes et fréquentes que sur les arbres qui sont âgés d'au moins vingt-cinq ans.

Les cônes ont environ 15 centimètres de longueur et 5 de diamètre moyen. Ils mettent vingt à vingt-deux mois à s'accroître et à mûrir.

Les petits cônes qu'on aperçoit en avril et mai, au sommet, des jeunes bourgeons ont un an et se récoltent à la fin de l'hiver suivant. On les fait tomber de l'arbre à l'aide d'une perche terminée par une petite fourche en fer. Les cônes mûrs qui ne sont pas abattus à la fin de la seconde année s'ouvrent sous l'influence de la chaleur solaire en juin et en juillet de l'année suivante. Ainsi que l'a observé M. Trochu, propriétaire à Belle-Isle, ces cônes vides de graines se referment sous l'action de l'humidité et restent encore quelque temps attachés à l'arbre. A la place qu'ils occupent sur l'arbre il est facile de reconnaître qu'ils ont trois ans et que, par conséquent, la dissémination de leurs graines a dû s'opérer naturellement.

M. Trochu recommande d'enlever dès la fin de la seconde année ces cônes, dont les frais de récolte sont largement soldés par la graine et le combustible qu'on en retire, et dont la présence trop prolongée sur les branches produit des étranglements et des déviations nuisibles à la régularité et à la végétation de l'arbre.

Les cônes de Pin maritime s'ouvrent facilement sous l'influence des rayons solaires, sans qu'il soit nécessaire d'avoir recours à la chaleur artificielle d'un four ou d'une sécherie. L'aile dont la graine est pourvue en rendrait la dissémination irrégulière et difficile, on l'en débarrasse par un léger battage au fléau, par un vannage et un criblage. Si la graine ne doit pas être employée dans un assez bref délai, il est mieux de la laisser dans les cônes, où elle conserve plus longtemps sa faculté germinative.

Une fois libre et exposée à l'air, la graine ailée s'altère moins facilement que celle qui est désailée. Cette dernière fermente et s'altère promptement quand on la laisse en couches épaisses dans un lieu qui n'est pas sec.

Pour être bonne, la graine doit être fraîche, pleine et pesante; elle est d'autant moins sûre, et d'autant plus lente à lever, qu'il s'est écoulé plus de temps depuis sa parfaite maturité.

Suivant Delamarre, il y a, en moyenne, 140 graines dans un cône, et 20 000 graines dans un kilogramme de semence. M. le marquis de Chambray a trouvé qu'il faut 22 hectolitres de cônes pour obtenir 1 hectolitre de graine, qui pèse 52 kilogrammes.

Les cônes, si utiles pour la production de la graine, fournissent en outre un combustible agréable et très inflammable, qu'on recherche pour faire prendre rapidement le feu du foyer.

DEUXIÈME PARTIE.

CULTURE GÉNÉRALE DU PIN MARITIME.

CHAPITRE PREMIER.

DU CLIMAT, DE L'EXPOSITION ET DU SOL.

Du climat. — Cet arbre croît spontanément dans les parties méridionales de la France, on remarque qu'il aime la chaleur et le voisinage de la mer. Sa végétation n'est nulle part plus prospère que dans la Corse et dans les dunes de la Gascogne. Il réussit encore sous le climat du nord de la France ; néanmoins il s'y montre sensible au froid rigoureux, principalement dans les premières années de sa croissance. On lit, dans Malesherbes, que presque tous les Pins maritimes du Gâtinais sont morts pendant le mémorable hiver de 1789.

De l'exposition. — Dans le midi de la France, il réussit indifféremment à toutes les expositions. M. le marquis de Chambray dit qu'en Alsace et en Lorraine il préfère les expositions du midi et du couchant, où il est abrité contre les vents les plus froids.

Du sol. — Il aime par-dessus tout les alluvions sablonneuses siliceuses des bords de l'Océan. L'ameublissement des molécules, la fraîcheur, la profondeur et une certaine dose de fertilité, telles sont les conditions agrologiques les plus favorables à sa végétation. Sa racine, essentiellement pivotante, ne peut se développer dans une terre mal assainie et dans un sous-sol argileux ou rocheux. Sa véritable place est dans les sables siliceux qui ont un ou plusieurs mètres de puissance. Il vient mal dans les terres calcaires compactes rocheuses ou pierreuses. Il s'accommode très bien, en Corse, des terres granitiques qui ont une certaine profondeur.

En Provence, on remarque que le Pin maritime occupe les terrains granitiques, tandis que les terres calcaires sont réservées au Pin d'Alep.

En Champagne et dans tout le nord de la France, le Pin sylvestre est préférable au Pin maritime, surtout pour des terres argileuses, marneuses ou calcaires.

De la fertilité du sol.—Le Pin maritime demande un sol sablonneux, siliceux, profond et frais; mais il s'en faut que son succès soit le même dans les terres qui présentent ces principaux caractères physiques. On observe, sous ce rapport, de très grandes différences qui ne tiennent évidemment qu'à la présence, dans le sol, des matériaux plus ou moins propres à la nutrition de ses organes. Il m'a toujours paru aussi sensible aux engrais que le serait le seigle ou toute autre plante cultivée. C'est surtout dans les jeunes semis de quelque étendue, qu'on peut observer combien sa végétation se modifie suivant les qualités plus ou moins fertilisantes du sol. On voit des places où les sujets n'ont que 0m,50 à 0m,60 de hauteur, tandis que sur d'autres ils atteignent la taille de 1m,50 à 2 mètres. Il est à noter que ce sont en général les parties les meilleures du champ, celles où le seigle montrait auparavant la plus belle venue, qui offrent les Pins les plus forts et les plus vigoureux.

J'ai fait, dans les dunes de la Gascogne, une observation qui prouve, d'une manière évidente, combien cette essence profite des substances fertilisantes qui se trouvent à portée de ses racines. Près d'un village appelé le Boucaut, on a fait un semis de Pin maritime dans un terrain sablonneux qui avait servi de cimetière aux soldats anglais, lors de leur dernier débarquement sur la rive droite de l'Adour. Ces Pins offrent une végétation si vigoureuse et si luxuriante, qu'on les croirait deux fois plus âgés que les sujets voisins qui, semés à la même époque, n'ont pas crû sur un sol fertilisé par le sang étranger.

Quant on voit des semis plus faibles que d'autres établis dans les mêmes conditions, il ne serait pas toujours exact d'attribuer cet état d'infériorité à la stérilité relative du sol; quelquefois il faut en rechercher la cause dans l'excès ou dans l'absence de l'humidité, ou bien encore dans la présence d'une couche argileuse trop voisine de la surface.

Résumons les conditions les plus favorables à la végétation du Pin maritime : il aime un climat chaud, un air chargé des émanations de la mer, un sol sablonneux, profond, frais et substantiel. Sous un climat septentrional, sur une terre plus ou moins argileuse, ou plus ou moins calcaire, il faut associer au Pin maritime le Pin sylvestre, qui, dans ces conditions, sera plus vigoureux, et sera doué d'une plus grande longévité.

CHAPITRE II.

DES MODES DE PROPAGATION DU PIN MARITIME.

Le Pin maritime se reproduit de deux manières principales : 1° par dissémination naturelle ; 2° par dissémination artificielle.

SECTION I.

DE LA DISSÉMINATION NATURELLE.

Le Pin produit des cônes garnis d'écailles imbriquées, fortement serrées les unes contre les autres : ces écailles, vernissées, d'une consistance osseuse, forment pour la graine une enveloppe qui semble indestructible ; mais, par une organisation qui nous fait admirer la prévoyance de la nature, ces écailles, que l'homme eût eu tant de peine à briser par des moyens artificiels, s'ouvrent comme par enchantement dès qu'elles atteignent un certain degré de température. La chaleur, en les dilatant, les fait courber en sens inverse, les écarte les unes des autres, et dans cette nouvelle position elles offrent une sortie facile à la graine ailée qu'elles tenaient emprisonnée.

Rappelons-nous que les cônes restent attachés à l'arbre, après le terme de leur maturité; qu'ils sont persistants, pendants sur leur pédoncule; admirable disposition qui favorise la sortie de la graine : cette dernière, cédant à son poids, se détache librement des écailles entr'ouvertes, et reçoit immédiatement, par son aile, l'action disséminatrice des vents.

Cette semence germe sous l'ombrage des vieux Pins et forme un jeune repeuplement, destiné à être en rapport quand arrivera l'époque de l'exploitation complète et définitive des réserves.

Ces semis naturels sont, pour ainsi dire, l'unique mode de repeuplement des pinières de la Gascogne. Le Pin maritime trouve, dans ce pays, des conditions si favorables à son développement, qu'il se reproduit indéfiniment sur le même terrain, sans qu'il soit nécessaire de se préoccuper de son réensemencement. Pour qu'une surface sablonneuse se couvre spontanément de jeunes Pins, il suffit, en Gascogne, de l'entourer d'une clôture qui en interdise le pâturage aux bestiaux abandonnés sans surveillance dans les pinières.

L'exploitation par jardinage est celle qui m'a paru la plus usitée par les Landais. Dans le gemmage et l'abatage des arbres, ils font moins attention à l'ensemble de la pinière qu'à l'état spécial de chaque individu ; sur le même champ, on observe très souvent plusieurs générations distinctes de sujets : les uns, jeunes et bons à éclaircir ; les autres adultes et gemmés régulièrement ; les autres enfin, plus âgés et disparaissant au fur et à mesure qu'ils deviennent moins propres à la production de la résine, et plus aptes à fournir des bois d'œuvre ou de chauffage. Dans ces pinières, c'est par la dissémination naturelle que le terrain se trouve constamment garni. Il en est de même des pinières de la Corse et d'Espagne.

En Sologne, il est très rare qu'une pinière se regarnisse par un réensemencement naturel. D'abord, les arbres n'y viennent pas vieux et ne fournissent jamais qu'une très petite quantité de graines. En second lieu, le repeuplement, quand il s'en développe, ne tarde pas à périr, sous une futaie épaisse qui le prive d'air et de lumière. Enfin, les jeunes sujets qui auraient résisté aux effets nuisibles d'un ombrage trop épais, deviennent le plus souvent la proie des troupeaux de moutons, qu'on a la mauvaise habitude de conduire dans les pinières défensables.

SECTION II.

DE LA DISSÉMINATION ARTIFICIELLE.

Dans le Maine et dans la Sologne, le Pin maritime ne se propage guère que par la méthode des ensemencements artificiels. En Gascogne, pour les dunes mobiles qu'on a à garnir pour la première fois, on est encore obligé de procéder par voie de semis artificiels.

Quantité de semence par hectare. — Il y a deux écueils opposés à éviter : les semis trop épais et les semis trop clairs. Le premier défaut est généralement plus commun que le second. Les jeunes sujets lèvent-ils épais et serrés, le mal n'est pas grand, si l'on s'empresse d'en diminuer le nombre; mais, si on les laisse dans cet état, jusqu'à l'époque habituelle de la première éclaircie, c'est-à-dire celle qui paye ses frais par les produits qu'on en retire, les Pins s'allongent outre mesure et tombent dans un étiolement qui nuit beaucoup à leur développement ultérieur. La racine et la tige sont mal constituées, et le terrain, épuisé dans cette première période, manque des éléments nécessaires à la végétation des sujets destinés à garnir la surface. D'un autre côté, si le semis est trop clair, les Pins, au lieu de s'élancer, poussent de nombreuses couronnes latérales, et se refusent à former des arbres de belles dimensions. On élague au lieu d'éclaircir ; mais les élagages donnent du bois de branches, inférieur en quantité et en qualité au bois qu'on obtient par les éclaircies.

Un kilogramme de graines contenant vingt mille graines pourrait, à la rigueur, suffire à l'ensemencement d'un hectare, puisqu'il y aurait deux graines par mètre carré; mais il faudrait que toutes les graines fussent bonnes et fraîches, respectées par les oiseaux et placées dans les meilleures conditions de gemmation; il faudrait en outre que les jeunes sujets, après leur levée, n'éprouvassent aucun accident qui les fît périr. Il est impossible de remplir ces diverses conditions, et pour parer aux éventualités que nous signalons, on emploie par hectare une quantité de semence qui, suivant les circonstances, varie entre 8 et 16 kilogrammes. Les doses élevées sont pour les terres mal préparées, à surface engazonnée ou motteuse; pour celles qui auraient un peu à souffrir de l'humidité. Au contraire, on emploie moins de semence sur un sol meuble, sec et net où la gemmation est assurée, et où les Pins n'auront pas à se défendre contre l'envahissement d'une végétation spontanée plus ou moins vigoureuse.

Le procédé de semailles a aussi une certaine influence sur la quantité de semence qu'on emploie; les semis à la volée en dépensent plus que ceux qui se font en poquets. L'ensemencement suivant des bandes parallèles, séparées par des espaces vides, consomme naturellement moins de semence que la garniture complète de toute la surface.

M. Vétillart, dans le Maine, indique comme maximum.	12	kil. par hect.
Delamarre, qui a opéré dans le Gâtinais, conseille.	15 à 20	—
En Sologne, j'ai employé	8 à 16	—
M. du Behague, près de Gien (Loiret), sème en terres labourables.	15	—
Id. sur bandes.	20	—
Dans les dunes de la Gascogne, on met.	14 à 20	—
M. Rieffel, à Grand-Jouan, emploie.	20	—

La graine de Pin maritime se vend, suivant les années, 30 à 60 centimes le kilogramme.

Ce semis peut se faire en automne, en hiver et au printemps. Il y aurait quelque danger à semer pendant les mois les plus chauds de l'été, surtout si l'on opérait dans le midi de la France. Les jeunes plants qui naîtraient à cette époque ne résisteraient pas à l'action intense et directe du soleil.

La graine se répand à la volée, après que la surface a été régularisée et ameublie par un dernier hersage. Si la terre a une certaine compacité, il est avantageux de faire précéder le hersage d'un labour d'hiver, qui ameublit le sol et l'aère à une certaine profondeur. Dans les sables trop légers naturellement, on s'abstiendra de ce labour, qui aurait l'inconvénient de rendre le terrain plus sec pendant l'été, ce qui serait préjudiciable au jeune plant. Cette graine n'aime pas à être fortement enterrée ; il suffit de la recouvrir par un léger hersage, qui la mette à 1 ou 2 centimètres de profondeur.

Quand la fertilité du sol le permet, on peut, sans inconvénient pour le jeune plant, l'associer à une récolte de seigle et de sarrasin. Le Pin maritime se sème encore dans certains cas, soit en bandes parallèles séparées par des espaces vides, soit en poquets régulièrement espacés.

CHAPITRE III.

DES ÉCLAIRCIES OU DÉPRESSAGES.

Éclaircir les Pins, c'est retrancher les sujets les plus mauvais pour laisser aux meilleurs l'air, la lumière et l'espace nécessaires à leur parfait développement. Les pinières qui ne sont pas éclaircies en temps opportun, souffrent autant que les cultures sarclées qui, faute de binages, sont envahies par les mauvaises herbes. Les semis les plus avantageux ne sont ni trop clairs ni trop épais; les Pins qui jouissent d'un espacement exagéré, se développent plus en largeur qu'en hauteur; ils offrent un tronc réduit, irrégulier, noueux et chargé de couronnes fortes et vigoureuses, conditions aussi défavorables à l'opération du résinage qu'à la production du bois d'œuvre. Les sujets restent-ils trop nombreux et trop épais, ils s'affament, s'allongent outre mesure et tombent dans un état d'étiolement dont ils ressentent toujours la mauvaise influence. Les tiges élancées, dont les couronnes, faibles et peu nombreuses, tombent d'elles-mêmes en laissant des chicots qui disparaissent et se recouvrent facilement, s'observent dans les semis de Pins qui ont été moyennement éclaircis pendant les vingt premières années de leur croissance. Il est difficile d'ailleurs de poser des règles précises sur la manière de conduire les éclaircies. La germination a-t-elle produit beaucoup plus de sujets qu'on n'en espérait, il sera bon d'en arracher à la main un certain nombre, à l'âge de trois ou quatre ans, aussitôt qu'on les verra se gêner et s'affamer. La première éclaircie sera, au contraire, retardée jusqu'à l'âge de quinze à seize ans, pour un semis qui aurait mal levé et qui ne serait pas suffisamment garni. Dans les conditions ordinaires, les Pins ont besoin d'être éclaircis dès qu'ils atteignent sept à huit ans. A cet âge, les frais de l'opération peuvent être soldés par les produits en bourrées et en bois à charbon. Toutefois c'est moins la valeur des produits que l'avenir de la pinière, qui doit faire juger de l'opportunité du premier *dépressage*. Ce serait mal comprendre ses intérêts, et compromettre la durée et le revenu d'un jeune semis, que de ne pas éclaircir des Pins souffreteux et mourants, sous prétexte que les frais de main-d'œuvre ne pourraient être soldés complétement par la vente des produits résultant de ce premier *dépressage*.

Quant aux éclaircies ultérieures, elles sont subordonnées au genre de produits qu'on veut obtenir, eu égard à la nature du sol et aux conditions économiques des débouchés. En Sologne, par exemple, où le Pin maritime ne pousse généralement bien que pendant vingt-cinq ans et fournit des cotrets d'une vente facile à Orléans et à Paris, on le soumettra à des éclaircies modérées, périodiques et aménagées, pour ainsi dire, comme les coupes d'un taillis d'une essence feuillue. Sur un sable profond et substantiel, où le Pin maritime peut former une futaie propre à l'opération du résinage et à la production du bois d'œuvre, les premières éclaircies devront être sensiblement plus énergiques afin de favoriser spécialement les sujets destinés à former la garniture définitive du terrain.

Dans tous les cas, on s'exposerait à des mécomptes, si l'on manquait de prudence et de modération dans la direction de ces éclaircies successives. Le Pin maritime est un arbre qui, surtout dans sa jeunesse, est très sensible aux vents froids, aux gelées et aux coups de soleil; il souffre beaucoup quand, par un nettoyage ou un dépressage exagéré, on lui rend trop brusquement l'air et la lumière dont il était privé.

Les Pins adultes, pourvus d'une tige élancée que termine une tête lourde et volumineuse, succombent facilement à l'action des vents violents, si l'on enlève tout à coup les sujets voisins qui servaient à les abriter.

L'espacement qui doit exister entre les Pins est subordonné à leur âge, à l'état de leur végétation et à la nature des produits qu'on veut en retirer. Voici quelques exemples qui, sans donner des règles précises, pourront offrir quelques indications utiles.

Delamarre, en Normandie, espaçait ces Pins comme il suit :

		AGE.	Espacement en tous sens.
			m.
1re	éclaircie	7 ans	0,33
2e	—	8 —	0,66 à 1 mètre.
3e	—	12 —	1,33
4e	—	16 —	1,66
5e	—	20 —	2,00
6e	—	24 —	2,33
7e	—	28 —	2,66

En Gascogne, les Pins destinés au gemmage sont espacés de la manière suivante :

AGE.	Espacement en tous sens.
	m.
20 ans	3,00
25 ans	4,00
30 ans	5,50
35 à 60 ans	7,00

Les futaies de Pins, soumises à un gemmage définitif, contiennent environ deux cents arbres par hectare.

CHAPITRE IV.

DE L'ÉLAGAGE.

Cette opération consiste à retrancher, sur le Pin maritime, une ou plusieurs couronnes, en commençant par celles qui sont les plus basses. Quoique le Pin maritime paraisse mieux supporter les amputations que plusieurs autres essences résineuses, j'ai toujours reconnu que l'enlèvement d'un certain nombre de couronnes était nuisible à la vigueur et à la santé des sujets. Les feuilles jouent un rôle important dans la nutrition des organes, et si l'élagage fait plus de mal aux arbres résineux qu'aux essences feuilles qui repercent sur le vieux bois, il faut, sans nul doute, l'attribuer en grande partie à ce que les arbres verts ne reproduisent pas, à la place des branches amputées, ces jeunes bourgeons dont les feuilles remplacent dans leurs fonctions celles qui ont disparu par l'effet de l'élagage. L'élagage a, en outre, l'inconvénient de laisser sur le tronc des plaies qui se recouvrent difficilement et qui sont le siége d'une perte de séve assez importante.

On remarque que ce sont les Pins les plus chargés de branches et de feuilles qui donnent la plus grande masse de bois et les récoltes de résine les plus abondantes. Néanmoins l'élagage, condamnable en principe, devient utile dans certains cas particuliers. A-t-on des semis dont les sujets trop espacés poussent plus en largeur qu'en hauteur, et se chargent de couronnes latérales fortes et vigoureuses *qui absorbent la plus* grande partie de la séve, on enlèvera graduellement les branches inférieures, afin de concentrer la séve sur la tige, qui est la partie de l'arbre qu'il importe le plus de faire augmenter en grosseur et en longueur. Quant aux semis suffisamment garnis, au lieu d'user de l'élagage pour obliger les Pins à s'élever, il est plus avantageux d'obtenir le même résultat en modérant les éclaircies et en laissant sur le terrain autant d'arbres qu'il en faut pour provoquer le développement en hauteur.

On ne saurait trop blâmer certains propriétaires qui, ne donnant aucun soin pendant huit à dix ans à un semis de Pins, soumettent tout à coup les sujets réservés à une vigoureuse éclaircie, accompagnée d'un élagage excessif. Cette mutilation profonde, jointe à l'action trop immédiate de l'air et de la lumière, cause un état maladif dont la pinière ressent les funestes effets pendant toute la durée de sa croissance.

L'élagage se justifie encore sur les Pins adultes, dont les couronnes inférieures, affaiblies par l'âge, finissent par mourir et tomber en laissant de longs chicots qui, en s'altérant, produisent dans le bois des perforations qui en diminuent beaucoup la valeur.

On évite ce grave inconvénient, en élaguant en temps opportun ces couronnes languissantes et mourantes. Au lieu de couper les branches rez-tronc, ce qui ferait une plaie qui se recouvrirait très difficilement, on doit laisser un chicot de 5 à 6 centimètres de longueur.

Cette espèce de cheville, durcie et ossifiée par l'action de la résine qui s'y accumule, s'incorpore sans difficulté dans le tronc, et n'a d'autre inconvénient que celui de gêner l'action des outils dans le façonnage du bois. Les chicots qui occuperaient les parties du tronc destinées à être résinées, ne devront pas avoir plus de 1 centimètre de longueur; sinon ils arrêteraient et émousseraient la hache du résineur quand celui-ci viendrait à y pratiquer des entailles.

On se trouve bien de ce procédé d'élagage dans les pinières gemmées de la Gascogne.

A Belle-Isle, M. Trochu préfère au contraire l'élagage rez-tronc et sans chicot, au commencement de l'hiver, comme étant le mode le plus favorable à la production des planches sans nœuds et sans trous.

Les éclaircies et les élagages sont des opérations délicates, qui ne devraient être confiées qu'à des ouvriers consciencieux et habiles. Le bûcheron qui travaille à tâche, opère sans autre préoccupation que celle de grossir le nombre de ses bourrées et de ses cordes à charbon; il est à craindre que, dans sa précipitation, il ne sacrifie précisément les sujets qui à tous égards mériteraient d'être conservés.

CHAPITRE V.

DES ACCIDENTS QUI TIENNENT AU SOL OU A LA TEMPÉRATURE.

Nous ne parlerons pas des semis qui manquent à cause de la mauvaise qualité de la graine, ou de la préparation imparfaite du sol. Nous supposons qu'on n'emploiera jamais qu'une semence fraîche et non altérée dans son extraction par une chaleur artificielle trop élevée, et qu'on la mettra dans les conditions les plus favorables à sa germination. Indépendamment de ces accidents qui font perdre une ou plusieurs années de jouissance au propriétaire, sans compter les nouveaux frais qu'ils imposent pour refaire des semis manqués, le Pin maritime est exposé, pendant sa végétation, à des maladies et à des mortalités dont il faut rechercher les causes avec attention, si l'on veut se mettre à même, soit de les prévenir, soit d'y porter remède quand toutefois le mal n'est pas incurable.

C'est à des causes météorologiques et agrologiques, à des plantes adventices et à des animaux nuisibles qu'il faut généralement attribuer les maladies et la mortalité des pinières. Au lieu d'agir isolément, il arrive souvent que plusieurs de ces causes s'associent entre elles dans la lutte trop souvent victorieuse qu'elles soutiennent contre cette essence résineuse.

Causes météorologiques. — Un vent vif et glacial, des

gelées tardives suivies d'un soleil brillant, une sécheresse intense et prolongée, font quelquefois périr des semis qui sont fraîchement levés et qui ne sont abrités par aucune végétation spontanée. Les vents violents font souvent tomber beaucoup d'arbres dans les pinières nouvellement éclaircies; ils renversent également les arbres des bas-fonds, où l'humidité du sol s'oppose au développement vertical de la racine. Ce dernier accident arrive principalement après de grandes pluies qui ont fortement détrempé la surface.

Les Pins adultes supportent assez bien les fortes gelées sous le climat de Paris, néanmoins il en est mort un grand nombre pendant l'hiver rigoureux de 1789. La neige, qui tombe par un temps calme, est encore très nuisible aux Pins : en s'accumulant sur les couronnes, elle les couche et les brise, et souvent son poids ajouté à celui de l'arbre triomphe de la résistance des racines. Pendant l'hiver de 1847, les jeunes pinières du département des Landes ont été plusieurs fois décimées par la neige. Ce sont les jeunes Pins qui ont le plus à souffrir, parce qu'ils portent relativement plus de branches et de feuilles.

Causes agrologiques. — Le Pin maritime s'arrête, se couvre de mousse et de lichens, languit et meurt, quand sa racine pivotante rencontre à peu de distance de la surface une nappe d'eau souterraine, avec une couche d'argile compacte ou une roche quelconque cohérente et continue. Il résiste quelque temps à l'effet de l'eau qui en submerge momentanément les racines. On voit de jeunes Pins pousser spontanément sur des terres marécageuses formées de débris organiques et très humides à certaines époques. On en trouve de plus forts végétant avec succès dans les lieux bas, où ils ont le pied dans l'eau pendant un ou deux mois de l'année. Bien que cette essence ne se plaise pas dans une humidité permanente, on remarque qu'elle aime à trouver de l'eau à une certaine profondeur dans le sous-sol. Dans un desséchement qui se pratiquait à travers les dunes près Bayonne, j'ai vu périr de magnifiques Pins maritimes après qu'on eut percé un canal qui a fait baisser de deux mètres les nappes d'eau au-dessus desquelles les arbres avaient développé leurs racines.

CHAPITRE VI.

DES PLANTES NUISIBLES.

Pendant les quinze premières années de leur croissance, les semis un peu clairs succombent quelquefois dans la lutte qu'ils ont à soutenir contre les herbes et arbustes qui envahissent naturellement le terrain. M. Vilmorin dit, dans l'ouvrage de Delamarre, qu'il a l'expérience que les chiendents, tels que l'*Agrostis stolonifera*, le *Holcus mollis* et même certaines espèces non traçantes mais très chevelues, comme l'*Agrostis vulgaris* et plusieurs espèces de *Festuca*, peuvent s'emparer d'un terrain, au point d'y faire manquer les jeunes semis de Pins. En Sologne, il n'est pas rare de voir le genêt affamer et tuer le Pin maritime, surtout quand ce dernier est semé dans une ancienne genetière. Dans les dunes de la Gascogne, on sème, au contraire, du genêt avec le Pin pour le protéger et l'abriter pendant son enfance contre le soleil et les vents de mer. On a encore des exemples nombreux de semis qui ont été peu à peu étouffés par une végétation vigoureuse de bruyères où dominaient l'*Erica cinerea* et le *Caluna vulgaris*.

En Sologne, où ces arbustes naturels détruisent facilement les jeunes semis, on évite de mettre le Pin maritime sur une lande nouvellement défrichée. On a recours à des façons aratoires et à quelques cultures annuelles nettoyantes, pour détruire les mauvaises plantes qui salissent les surfaces destinées à être converties en pinières.

CHAPITRE VII.

DES RAVAGES CAUSÉS PAR LES OISEAUX, LES ÉCUREUILS ET LES MOUTONS.

Beaucoup d'oiseaux nuisent aux semis, en dévorant les graines qui ne sont pas complétement enterrées. Les écureuils, fort communs dans les bois de Pins, rongent les cônes et détruisent des graines qui auraient pu servir à des repeuplements naturels ou artificiels; mais c'est sur les arbres qu'ils causent le plus de dommages, en mangeant près de la flèche une bande d'écorce qui comprend souvent toute la circonférence du tronc. La tige affaiblie en ce point ne tarde pas à se rompre sous l'action du vent. On est obligé d'abattre ces arbres décapités, qui, privés de leurs bourgeons les plus récents et les plus vigoureux, n'auraient désormais qu'une végétation faible et languissante. C'est surtout en Sologne que l'écureuil fait des ravages au Pin, en rongeant les écorces sur des arbres déjà formés et âgés de vingt à vingt-cinq ans.

Dans ce pays, les Pins ne vivent pas longtemps, et par conséquent ne peuvent produire d'abondantes récoltes de cônes. C'est sans doute dans les années peu abondantes en cônes que les écureuils affamés font le plus de ravages en rongeant les jeunes écorces.

Dans certaines pinières de la Bretagne très chargées de cônes dont l'étreinte nuisait au développement et à la régularité de la flèche du Pin maritime, on a remarqué, au contraire, que les endroits les plus fréquentés par les écureuils offraient des arbres plus beaux et plus vigoureux, résultat qu'on attribuait à la destruction des cônes par ces animaux rongeurs.

Les moutons sont très friands des jeunes pousses de Pin maritime. A la vue d'une pinière peu élevée, on les voit courir et se dresser devant les arbres pour en atteindre la flèche et les bourgeons les plus tendres. C'en est fait de l'avenir d'un semis visité une seule fois par ces animaux affamés. En quelques secondes les flèches seront dévorées, et les arbres, dépouillés de cet organe important, resteront désormais irréguliers, rabougris et buissonneux.

CHAPITRE VIII.

DES INSECTES NUISIBLES.

De tous les animaux, ce sont les insectes qui exercent sur les pinières les ravages les plus désastreux. On les voit détruire des forêts entières et menacer d'anéantir les bois de toute une province, sans que l'homme puisse apporter un obstacle sérieux à la marche rapide de ce fléau destructeur.

M. Perris, naturaliste à Mont-de-Marsan, a publié récemment, dans les *Annales de la Société entomologique* de France, un excellent et important travail sur les insectes parasites du Pin maritime. Parmi les cent dix-sept espèces si bien étudiées et si bien décrites par ce laborieux entomologiste, je m'arrêterai seulement à celles qui, par l'importance de leurs ravages, méritent de fixer l'attention du forestier et du cultivateur.

Certains de ces insectes attaquent les feuilles ou les bourgeons terminaux et causent dans l'arbre un trouble physiologique qui l'affaiblit et le rend malade ; ce sont : 1° la chenille du *Bombyx pityocampa*, appelée vulgairement la *Chenille processionnaire*; 2° la chenille de la *Tortrix buoliana*; 3° la chenille du *Hylurgus piniperda.*

D'autres sont dits lignivores et s'en prennent au bois et à l'écorce, ce sont : 1° les *Tomicus stenographus, laricis* et *bidens*; 2° le *Melanophila tarda*; 3° le *Pissodes notatus.*

Il est incontestable que les insectes de la première catégorie attaquent les arbres à l'état de santé. Quant aux insectes lignivores, les opinions des entomologistes sont partagées sur la question de savoir s'ils exercent leurs ravages indistinctement sur des sujets sains ou malades. Je laisse le soin d'éclaircir ce point douteux de la science au naturaliste de Mont-de-Marsan, qui me paraît avoir mieux que personne étudié cette question si importante au point de vue des applications.

« Les auteurs, dit M. Perris, semblent généralement » disposés à admettre que ces insectes dont les larves se » développent dans les arbres encore verts, sont la pre- » mière cause de leur mort. Aussi l'on attribue au ***Pissodes notatus*** la perte d'une immense quantité de Pins » qui couvraient, en 1835, 190 hectares de la forêt » de Rouvray. M. le marquis de Chambray, dans son bel » ouvrage sur les arbres résineux, parle d'un insecte du » genre Bostriche qui, lorsqu'il se multiplie en grande » quantité, peut détruire des forêts entières de Pin ma- » ritime. On lit dans l'*Histoire de l'administration en* » *France* par Anthelme Costaz, t. Ier, p. 248, que, » durant le XVIIe et le XVIIIe siècle, les forêts de Pins » d'Allemagne furent tellement ravagées par le scolyte,

» que la province hanovrienne du Hartz craignit de » manquer de combustible. Elle fut délivrée de cette » crainte principalement par l'influence de plusieurs » hivers froids et humides, qui les firent périr en très » grande quantité.

» Quant à moi, dit M. Perris, je ne puis admettre » que ces insectes lignivores soient les premiers auteurs » de la mort des arbres qu'ils attaquent, et depuis » quinze ans que j'étudie sans relâche leurs mœurs dans » un des pays les plus boisés de France, j'ai observé » assez de faits pour oser exprimer mon sentiment. Ce » sentiment se formule ainsi : que les insectes, en géné- » ral (je ne parle pas de ceux qui ne s'en prennent qu'au » feuillage), n'attaquent pas les arbres en bonne santé ; » qu'ils ne s'adressent qu'à ceux dont le bien-être et les » fonctions ont été altérés par une cause quelconque.

» Dans le département des Landes, où nous comp- » tons les Pins par millions, je n'ai jamais été témoin, » la tradition n'a pas conservé le souvenir d'une de ces » *razzias* forestières qui ont affligé d'autres contrées. Or » le Pin est exposé à une foule d'ennemis, et le nombre » d'individus des espèces les plus malfaisantes est incal- » culable ; et cependant il est assez rare qu'un de ces » arbres périsse, et je suis encore à en trouver un seul » qui ait été réellement tué par les insectes. Cela vient, » à mon avis, de ce que le Pin maritime, étant ici dans » sa véritable patrie, s'y développe avec vigueur, y vit » en bonne santé et brave ainsi les innombrables enne- » mis qui l'entourent.

» Mais que les Pins deviennent souffreteux par l'effet
» d'une grêle ou d'un insecte qui en a détruit les feuilles
» et les bourgeons, ou par suite de cette maladie qui, atta-
» quant la racine et se propageant de proche en proche,
» envahirait peut-être toute la forêt, si par une tran-
» chée circulaire on n'arrêtait la contagion, alors les
» insectes lignivores devinent l'état morbide de ces
» arbres malades, lors même qu'aucun indice extérieur
» ne trahirait l'existence du mal, se jettent en foule sur
» leurs victimes et les achèvent en quelques semaines. »

Dans l'Orléanais, le Pin maritime n'offre pas généralement cette végétation forte et vigoureuse qu'il doit, dans le Midi, à un sol et à un climat qui lui sont particulièrement favorables. Les sables de la Sologne manquent souvent de profondeur, et dès que la racine pivotante du Pin maritime a atteint une couche d'argile tenace et imperméable, l'arbre devient languissant, et son tronc et ses branches se couvrent de mousses et de lichens. Bon nombre de pinières se trouvent dans cet état à l'âge de quinze ans. Ces arbres résistent au mal jusqu'à vingt ou vingt-cinq ans; mais passé cette période, ils deviennent stationnaires, et si l'on ne s'empresse de les exploiter, ils sont exposés à être envahis et détruits par les insectes qui se développent en essaims innombrables dans l'écorce et le bois.

Il m'est arrivé souvent de constater l'existence de ces ravages dans les pinières de la Sologne et notamment dans les domaines impériaux, dont les forêts ont été sous ma direction pendant quelque temps. A la

Grillaire (domaine impérial qui est voisin de la Motte-Beuvron), les insectes lignivores ont exercé leurs ravages au milieu d'une immense forêt de Pins âgés de vingt à vingt-cinq ans. Les ravages avaient lieu simultanément sur un grand nombre de points qui servaient de centre à des lacunes dont l'étendue s'augmentait tous les ans par des zones circulaires et concentriques aux cercles primitifs. Sur les rayons de ces cercles, les arbres étaient d'autant plus malades qu'ils étaient plus rapprochés du centre.

Au centre les arbres étaient tombés et jonchaient le sol de leurs débris; plus loin ils restaient debout bien que desséchés dans toutes leurs parties; enfin, aux points extrêmes de la circonférence, les feuilles et les bourgeons commençaient à jaunir, ce qui annonçait l'envahissement des insectes, dont la présence d'ailleurs n'était pas difficile à constater entre l'écorce et le bois, qui se trouvaient labourés en tous sens par de nombreuses galeries que creusaient et habitaient des myriades d'insectes lignivores. Au milieu de ces vides où pas un Pin maritime ne restait debout, on observait çà et là quelques Pins sylvestres qui, respectés par les insectes, montraient une vigueur étonnante à côté de l'état languissant du Pin maritime. Ce fait confirme l'opinion de M. Perris, qui n'admet pas que les insectes lignivores attaquent les arbres à l'état de santé. J'accepte volontiers cette opinion, appuyée d'ailleurs sur des observations nombreuses et consciencieuses, et je pense, avec l'entomologiste distingué de Mont-de-Marsan, que nos pinières de la Sologne seraient épargnées par ces insectes si les Pins se trouvaient dans des conditions plus favorables à leur développement.

A la Grillaire, les lacunes circulaires ravagées par les insectes offraient souvent une superficie de plusieurs hectares; la forêt tout entière aurait disparu sous l'action destructive de ces parasites, si l'on ne s'était empressé de l'exploiter et d'en expédier les produits à Paris.

Il est à remarquer qu'on trouve généralement, au centre de chaque lacune, les débris de charbon qui dénotent la place d'un ancien fourneau à charbon. Le Pin est très sensible à l'action du feu et de la fumée. Dans la forêt de Villette (Loiret), des Pins maritimes sont morts pour avoir été exposés à la fumée d'un four à briques, dont ils étaient distants d'environ 50 mètres. Toutes les fois qu'on établit des charbonnières au milieu des pinières, on observe plusieurs rangées circulaires de Pins qui, par l'action du feu et de la fumée, deviennent malades et ne tardent pas à se dessécher et à périr.

Ces Pins malades et languissants deviennent le berceau des insectes lignivores qui envahiront la forêt tout entière, si, après avoir achevé l'œuvre de destruction des premiers sujets où ils se sont développés, ils se trouvent au milieu d'une pinière souffreteuse, couverte de mousses et de lichens et dont l'état maladif est si favorable à la propagation de ces parasites.

Quelquefois, cependant, les ravages des insectes lignivores se manifestent, malgré l'éloignement ou l'absence des fourneaux à charbons. Dans ces cas exceptionnels, en Sologne, la première cause de la mortalité des pinières ne peut être attribuée qu'à l'humidité ou à la mauvaise nature du sol. Après l'influence agrologique qui rend l'arbre souffreteux, arrive celle des végétaux parasites qui augmentent son état d'affaiblissement; puis viennent les insectes, qui s'emparent facilement d'une proie incapable d'aucune résistance. D'après quelques observations, il m'a semblé que les insectes lignivores se laissent parfois précéder de ceux qui ne s'en prennent qu'aux feuilles et aux jeunes bourgeons. S'il en est ainsi, on devrait être frappé de l'harmonie qui règne parmi les causes qui tendent à détruire un végétal, dès qu'il ne se trouve pas dans les conditions normales de son développement. Le sol produit d'abord son effet; suivent les parasites végétaux, les insectes lignivores qui, en arrêtant la circulation des sucs, portent le dernier coup au végétal attaqué de toute part.

D'autres causes viennent encore, en Sologne, favoriser l'envahissement des pinières par les insectes aux époques des premières éclaircies. On apporte une grande négligence dans les opérations qui ont pour but de donner au Pin l'air et la lumière favorables à son développement.

Les Pins, trop serrés dans leur enfance, s'affament entre eux; les plus vigoureux détruisent les plus faibles qui deviennent ainsi la pâture des insectes; plus tard, quand on espère couvrir les frais des éclaircies par la vente des bourrées ou par la fabrication du charbon, on pratique simultanément une éclaircie et un élagage vigoureux qui donnent au Pin avec surabondance l'air et la lumière dont il a été privé jusqu'alors. Est-il étonnant que des arbres, si maltraités et si mal dirigés, éprouvent un trouble physiologique qui les rende malades et accessibles aux nombreux insectes qui, après s'être multipliés dans les bourrées, les cordes à charbon et les brindilles dont le sol reste jonché, trouvent plus tard des sujets parfaitement disposés pour les recevoir.

Pourtant les propriétaires auraient tout intérêt à conserver aux arbres cette vigueur et cette santé qui les défendent si bien contre les attaques des insectes. Ils assureraient ainsi la durée de leurs pinières et ne s'exposeraient pas à les voir décimer avant le temps, ce qui les oblige à les exploiter à un âge où il y aurait avantage à les conserver.

Indépendamment de ces torts indirects causés aux propriétaires par les insectes, il faut encore compter parmi leurs dommages ces arbres morts qui pourrissent sur place et qui peuvent tout au plus servir à faire du charbon. On considérerait comme une fraude l'introduction de ces bois morts dans la confection des cotrets qui, pour avoir les qualités du combustible recherché par les boulangers, doivent être exclusivement composés de Pin vif.

Le forestier a intérêt à bien connaître les insectes parasites les plus nuisibles au Pin et à en apprécier les ravages, ainsi que les causes qui tendent à les augmenter ou à les diminuer. Cette étude lui démontrera combien il est utile d'accorder aux Pins ces soins périodiques qui en assurent la vigueur et la réussite ; et aussitôt qu'un insecte dévastateur apparaîtra dans ces pinières, il saura quel ennemi redoutable il aura à combattre et quelles sont les mesures urgentes qui lui sont imposées en vue d'atténuer des dommages fort préjudiciables à ses intérêts.

On trouvera dans des traités spéciaux, et notamment dans l'ouvrage de M. Perris les renseignements les plus complets sur ces nombreux parasites. Je me contenterai ici d'invoquer encore l'autorité de cet entomologiste pour démontrer combien il est difficile de s'opposer efficacement aux ravages et aux dévastations de ces redoutables ennemis du Pin maritime.

« Les insectes les plus dangereux pour le Pin mari-
» time sont : 1° le *Bombyx pytiocampa*, dont la che-
» nille ronge les feuilles de cet arbre et peut, si elle se
» multiplie outre mesure, déterminer des désordres
» physiologiques tels, qu'il en résultera une maladie
» dont les conséquences, grâce aux xylophages, seront
» mortelles ; 2° les *Tomicus stenographus*, *laricis* et
» *bidens*, le *Melanophila tarda* et le *Pissodes notatus*,
» qui détruisent rapidement tout arbre malade.

» Pour ces derniers on a conseillé la destruction du
» bois mort, l'enlèvement des souches, la mise en
» œuvre, ou du moins l'écorçage des arbres abattus ;
» les arbres d'appât dispersés dans la forêt pour re-

» cueillir les pontes des insectes, dont on détruit ensuite » les larves; mais, comment obtenir que, dans toute » l'étendue d'un département, de plusieurs départe- » ments limitrophes, ces moyens soient employés » simultanément, c'est-à-dire par tout le monde et » aux mêmes époques? Les résultats que l'on obtien- » drait seraient-ils d'ailleurs bien appréciables lorsqu'il » y a, dans les parties supérieures et presque inacces- » sibles des arbres, tant de branches mortes ou ma- » lades? Au surplus, dans la pratique, il est complète- » ment impossible de faire à ces insectes une chasse » réellement fructueuse, et cela est incontestable pour » qui connaît l'aménagement et l'exploitation de nos » forêts, l'insuffisance de la population agricole, l'in- » différence qui naît de l'abondance et la sécurité que » donne l'ignorance de tout précédent fâcheux.

» Quant à la chenille processionnaire du *Bombyx*, qui » passe l'hiver en sociétés nombreuses dans de grands » nids de soie attachés aux branches, on dirait qu'il est » facile de s'en rendre maître. Les dispositions légis- » latives qui prescrivent l'échenillage pour d'autres » espèces pourraient bien atteindre celle-ci, et comme » *on a cinq mois environ pour y procéder*, il semble » qu'il n'existe aucune raison de s'en affranchir. Mais » il est bon de savoir que la plupart des nids sont » *installés à l'extrémité des branches supérieures* des » grands arbres, qu'il serait presque toujours impos- » sible de les atteindre, et toujours périlleux de le » *tenter*; il faut dire aussi que, pour avoir ces nids,

» il est nécessaire de couper au-dessous les branches » qui les portent, et que, si chaque branche en avait » un, comme cela s'est vu, autant vaudrait abattre » l'arbre que lui faire subir l'opération mortelle de » l'amputation de tous ses rameaux.

» On est donc obligé de laisser aller les choses, de » laisser faire les oiseaux, les parasites nombreux et » les phénomènes météorologiques qui maintiennent » ou font bientôt rentrer dans de justes limites la mul- » tiplication des insectes dévastateurs.

» Il y a quelques années, les vastes forêts de Pins du » département des Landes furent envahies par une » si prodigieuse quantité de chenilles processionnaires, » que chaque branche, presque chaque brindille, avait » son nid. Avant l'hiver une grande partie des feuilles » avait été dévorée, et au printemps les chenilles, sor- » tant de leur engourdissement hibernal, achevaient » de brouter le reste, de sorte qu'au mois de mars on » eût dit que le feu avait passé par là.

» Ces ravages, sans préservatif possible, durèrent » deux années et firent périr quelques arbres; la po- » pulation s'en émut, et, pour ma part, je n'hésitais pas » à *déclarer que s'ils se renouvelaient deux ou trois* ans » de plus, c'en était fait probablement du plus grand » nombre de nos Pins, dont l'état de langueur serait » *suivi de troubles organiques* assez graves *pour attirer* » les bostriches, les buprestes, les innombrables insectes » lignivores, toujours prêts à se jeter sur les arbres ma- » lades, et dont les atteintes sont un signal de mort.

» Ainsi que je l'ai dit, cette situation dura deux ans.
» A la troisième année, quel fut notre étonnement de
» voir qu'il n'y avait presque plus de nids sur les ar-
» bres : les chenilles avaient, pour ainsi dire, disparu.
» Les mésanges, les pies, les coucous et d'autres oiseaux
» en avaient sans doute détruit un très grand nombre;
» sans doute aussi quelques milliers étaient devenus
» la proie d'insectes carnassiers ou parasites; mais en
» supputant toutes les destructions partielles, on au-
» rait été bien loin du compte : quelque fléau général
» avait dû s'appesantir sur cette race innombrable de
» dévastateurs, et voici, quant à moi, ce que j'en
» pense :

» Au mois de mai, les chenilles processionnaires
» s'enfoncent dans la terre pour se transformer en
» chrysalides; mais elles s'enterrent à une faible pro-
» fondeur, pour que le papillon n'éprouve pas de
» grandes difficultés à prendre son essor. Le travail de
» métamorphose organique qui s'effectue dans la chry-
» salide exige, comme on sait, que l'insecte soit à l'abri
» d'une trop grande sécheresse : or, les mois de mai et
» de juin de l'année se firent remarquer par des cha-
» leurs très intenses et une sécheresse opiniâtre; le sol
» sablonneux des bois de Pins se dessécha profondément;
» il devint brûlant, et les chrysalides, ne pouvant se dé-
» velopper dans ce milieu, avortèrent presque toutes.
» Il naquit donc fort peu de papillons, et dès lors il y
» eut peu de chenilles. Deux circonstances me parais-
» sent justifier pleinement cette explication : c'est que

» 1° dans les bois un peu frais et sur les lisières voisines » des lieux humides on retrouvait, l'année suivante, des » nids en assez grand nombre ; 2° depuis lors deux au- » tres années, 1848 et 1849, ont été marquées par une » sécheresse pour ainsi dire exceptionnelle, et il en est » résulté que, durant l'hiver de 1849 à 1850, on par- » courait de grandes distances sans rencontrer un seul » nid. En 1851 ils ont cessé d'être aussi rares, et je » me rappelle que je pronostiquai ce fait lors des » quelques pluies qui tombèrent en juin et juillet » 1850.

» Ainsi, il a suffi d'une sécheresse pour mettre un » terme à des dévastations inquiétantes contre lesquelles » l'homme n'avait pas de remède, et le nombre des » chenilles processionnaires est aujourd'hui (1851) ré- » duit à une si simple expression, elles sont de plus » entourées de tant d'ennemis, qu'elles ont cessé pour » longtemps d'être redoutables.

» A défaut de la sécheresse ou de tout autre accident » météorologique, les chenilles processionnaires auraient » pu, comme on l'a vu ailleurs pour d'autres espèces, » trouver dans leur multiplication même des causes de » ruine et de mortalité. Le nombre en aurait pu être » tellement grand, que la nourriture leur aurait fait » défaut avant leur développement complet, et alors » elles auraient péri de faim avant de se transformer. »

La conclusion à tirer de ces judicieuses observations, c'est qu'il vaut beaucoup mieux prévenir le mal que d'avoir à le guérir. On devra placer le Pin maritime dans le sol et sous le climat qui conviennent le mieux à cette essence, et l'entourer pendant son développement de ces soins réguliers et périodiques les plus propres à communiquer à cet arbre cette vigueur et cette santé qui font sa force et sa sauvegarde contre les atteintes des insectes lignivores.

TROISIÈME PARTIE.

CULTURE ET EXPLOITATION DU PIN MARITIME EN GASCOGNE.

CHAPITRE PREMIER.

DES TERRES AFFECTÉES AU PIN MARITIME.

Les terres siliceuses sablonneuses peuvent être consacrées aux cultures, sous un climat septentrional, où les pluies sont assez fréquentes, et où les chaleurs manquent généralement de durée et d'intensité ; mais, dans le midi de la France, il est bien rare que les cultures annuelles soient avantageuses dans ces terrains secs, perméables et peu favorables à la conservation des engrais. Elles n'y réussissent que dans certains cas exceptionnels : il faut que le printemps et l'été soient froids et humides ; quand ces deux saisons ont une marche normale et que l'été s'y montre avec ses chaleurs sèches et brûlantes, il n'y a de récoltes à espérer que sur certains sables privilégiés, dont le sous-sol, baigné par des nappes d'eau souterraines, rend au sol, par l'effet de la capillarité, l'humidité dissipée dans l'air par une évaporation énergique.

Dans les sables en question, on ne tente guère d'autres plantes cultivées que le seigle et le maïs. Le seigle s'y observe assez vigoureux pendant l'hiver et le printemps, et sa maturité arrivant au mois de juin, il est moissonné au moment des plus fortes chaleurs. Aussi sa récolte est-elle plus assurée que celle du maïs. Néanmoins la culture du seigle a contre elle les gelées printanières et les vents froids qui nuisent si fréquemment à la formation des épis, en provoquant la coulure des fleurs au moment de la fécondation.

Le maïs en terre siliceuse sèche est une récolte excessivement chanceuse; il faut que l'année soit exceptionnellement humide pour tirer quelque produit de cette emblavure. Malgré l'incertitude de la récolte, on la tente souvent, parce que la semence n'occasionne pas une forte dépense, et parce que les façons aratoires sont faciles et peu coûteuses dans les terres sablonneuses.

Le seigle et le maïs, voilà les cultures qui occupent le premier rang dans les sables de la Gascogne. On y voit encore quelques parcelles de navets, de haricots colorés et de trèfle incarnat, qui sont généralement traités en cultures dérobées. Le froment est impossible dans les champs sablonneux de la Gascogne; lors même qu'il y aurait dans le sol les éléments nécessaires à sa végétation, cette céréale n'y aurait aucun succès, à cause de l'humidité dont elle serait privée avant d'avoir atteint le terme de sa maturité.

Il y a donc d'excellentes raisons agrologiques et climatologiques pour que les cultures n'occupent qu'un rang secondaire dans les plaines siliceuses de la Gascogne. Les propriétaires, guidés par les principes d'une saine économie rurale, ont facilement compris que le Pin maritime, qui aime le sable et la chaleur, était le végétal le plus propre à mettre en valeur des terrains si peu favorables à la végétation des plantes annuelles.

Aussi les Pignadas (forêts de Pin maritime) n'ont pas tardé à couvrir la plus grande partie de ces sables incultes : on a seulement réservé aux cultures les parcelles les plus rapprochées des habitations, qui, dans le temps où le pays manquait de bonnes voies de communication, fournissaient à bon marché au résineur les grains alimentaires nécessaires pour la nourriture de toute sa famille.

Les terrains siliceux n'occupent pas toute l'étendue des départements des Landes et de la Gironde. A ces sables succèdent sur la rive droite de l'Adour des terres argilo-siliceuses qui, enrichies d'une marne bleuâtre commune dans cette contrée, deviennent propres au froment, au trèfle, à la vigne et à beaucoup d'autres cultures. Telle est la constitution géologique de la Chalosse, petit pays du département des Landes essentiellement différent de la contrée des Pignadas par la nature de son sol et de ses productions. Quelle différence entre ces deux terrains, qui souvent ne sont séparés que par un cours d'eau ou par une étroite vallée! Du côté des sables, se montrent de vastes forêts de Pin maritime, et quelques cultures de seigle et de maïs ; tandis que sur les argiles de la Chalosse le Pin maritime devient l'exception et cède sa place au maïs, à la vigne et au froment.

Les sables occupés par les Pignadas sont loin d'offrir cette uniformité et cette homogénéité qu'on serait disposé à admettre si l'on se contentait d'un examen rapide et superficiel.

Il y a dans la Gascogne deux classes bien distinctes de terres sablonneuses : les unes, situées dans le voisinage de la mer, appartiennent à la formation des dunes qui se continue de nos jours; les autres se rencontrent plus avant dans l'intérieur des terres et sont rangées par les géologues dans la série des terrains tertiaires.

Les sables tertiaires sont plus ou moins colorés par l'oxyde de fer; à peu de distance de la surface, ce sable ferrugineux forme souvent une couche continue ayant assez de cohérence pour être imperméable aux eaux pluviales et impénétrable aux racines des arbres. Cette roche, vulgairement appelée *alios*, est d'ailleurs trop tendre pour être employée utilement dans les constructions.

Les sables tertiaires ne sont pas très favorables au Pin maritime; ils forment des plaines où cette essence rencontre soit une couche d'alios, soit une nappe d'eau souterraine qui arrête le développement de sa racine.

On les accuse en outre d'être inertes et de manquer de ces éléments nutritifs qui, dans les dunes, procurent une vigueur remarquable aux arbustes des landes aussi bien qu'aux arbres des forêts.

Quelle que soit l'importance de la fertilité naturelle des sables, ce caractère n'a pas prévalu dans la pratique pour servir de base à la classification de ces terrains. On a préféré établir cette division sur l'état plus ou moins mobile des surfaces.

Ainsi, on a fait deux grandes classes de terrains sablonneux, savoir : 1° les sables mouvants, qui généralement appartiennent aux dunes, sont situés près de la mer et sont exposés à être emportés par le vent; 2° les sables à surface immobile, qui dépendent des terrains tertiaires, et sont le plus souvent situés dans l'intérieur des terres, à une assez grande distance de l'Océan.

Le Pin maritime, une fois développé dans les sables, s'y reproduit indéfiniment, quelle que soit l'origine de ces sables. Mais quand il s'agit de créer des pinières sur des terrains nus et vierges, les procédés d'ensemencement varient essentiellement, suivant que l'on opère sur des surfaces fixées ou sur des sables mouvants.

CHAPITRE II.

DE LA FORMATION DES PINIÈRES DANS LES SABLES FIXÉS.

On opère généralement sur des landes composées de bruyères, d'ajoncs et de genêts. S'il s'agissait d'une terre labourable, on procéderait d'après les principes exposés précédemment au chapitre II de la deuxième partie.

On commence par clôturer la lande, afin d'en interdire l'entrée au bétail, qui, sans cette barrière, ne manquerait pas d'y venir paître et de commettre de grands dégâts aux semis ou aux plantations de Pin maritime.

Cette clôture, dite *barradeau* dans le langage du pays, se compose d'un fossé extérieur dont le bord intérieur est garni d'un mur de terre engazonnée d'environ 1 mètre de hauteur. Ce mur est construit uniquement avec les terres déblayées du fossé. La croûte superficielle et engazonnée du fossé sert à élever la face extérieure et à peu près verticale du mur de terre. Quant au côté intérieur, il est formé des sables meubles du même fossé qui sont adossés au côté extérieur sous une inclinaison d'environ 0,m45.

Cette clôture, fort économique, dure assez longtemps pour protéger les Pins pendant leur enfance contre tous les animaux, même contre les bêtes à cornes, qui, dans ce pays, jouissent d'une agilité remarquable.

Aussitôt la clôture achevée, on profite d'un temps sec et calme pour mettre le feu à la lande. On prend les précautions nécessaires afin d'éviter que l'incendie ne se propage pas au delà des limites du champ à ensemencer. Si la clôture devait être insuffisante pour empêcher le feu de gagner la lande ou les pinières voisines, il faudrait préalablement couper à l'aide de la petite faux à bruyères une bande de 1 à 2 mètres de largeur contiguë au barradeau, et rejeter dans l'intérieur du champ les arbustes ou broussailles provenant de cette coupe.

L'incendie s'arrêterait infailliblement à cette double limite du barradeau et de la bande fauchée, espace vide et dépouillé de tout arbrisseau qui pût alimenter le feu.

Quand la lande est forte et peu éloignée d'une tuilerie; au lieu de la brûler sur place, il y a souvent avantage à la vendre pour la cuisson des tuiles et des briques.

Quelques propriétaires négligents confient directement la graine de Pin à la lande au milieu des bruyères sans aucun travail préparatoire. Ces semis poussent difficilement, et les jeunes Pins qui naissent sous la lande vigoureuse demeurent longtemps souffreteux et languissants, quand toutefois ils ne succombent pas dans la lutte pénible qu'ils ont à soutenir contre les végétaux adventices. Notons, en passant, l'influence des circonstances locales sur la manière de préparer la lande à l'ensemencement.

Dans l'Orléanais, la lande à ensemencer doit être non-seulement incendiée et fauchée, mais il faut encore défricher le terrain et le soumettre à des cultures dont les façons détruisent les racines et les semences des ajoncs, des genêts et des bruyères.

En Gascogne, grâce à un sol et à un climat qui conviennent spécialement au Pin maritime, le semis réussit sur une bruyère simplement fauchée ou incendiée.

SECTION I.

ÉPOQUE DU SEMIS.

On sème le Pin maritime depuis le 15 septembre jusqu'au 1er mai; on peut même continuer l'ensemencement jusqu'au 1er juin, dans les terrains qui conservent toujours une certaine fraîcheur au moment des plus fortes chaleurs. On remarque, néanmoins, que les semis de septembre sont généralement ceux qui ont le plus de succès. La graine semée en automne germe avant l'hiver, et au printemps le jeune Pin forme sa racine qui, descendue à une certaine profondeur quand arrivent les chaleurs, fournit au jeune sujet l'humidité qui lui est nécessaire pour résister à une température sèche et élevée; les semis du printemps sont exposés à souffrir davantage des longues sécheresses.

SECTION II.

PRATIQUE DU SEMIS.

Si le terrain est meuble et facile à entamer, on peut semer en poquets espacés en tous sens de 0m,60. La personne qui sème a un petit sac plein de graine attaché devant elle à sa ceinture : elle y prend une poignée de graine avec la main gauche : elle tient de la droite une petite pelle de bois de 8 à 10 centimètres de largeur; elle soulève avec cette pelle une couche de sable épaisse de 25 à 30 millimètres sous laquelle elle dépose cinq ou six graines de Pin. Quand le terrain est dur et engazonné, on retourne un gazon à la houe ou à la pioche aux points où la graine doit être déposée, puis on enterre la semence à la pelle dans la partie meuble du gazon retourné, en opérant comme dans le cas précédent.

Les jeunes Pins sont très sensibles aux coups de soleil, aux gelées et aux vents salés. Pour les protéger contre ces accidents on y associe des genêts qui, semés à la volée, à la même époque que les Pins, les dominent et les abritent pendant les premières années du semis. Qu'on opère sur un sable engazonné ou sur une lande meuble, les frais d'ensemencement sont à peu près les mêmes et peuvent s'établir comme il suit par hectare :

	fr.	c.
1° Pour coupe de bruyère, incendie ou piochage des gazons, 6 journées d'ouvriers à 1 fr. 60 c.	9	60
2° 4 journées de femmes pour l'ensemencement, à 75 cent.	3	00
3° 6 kilogrammes de graine de genêts, à 50 cent.	3	00
4° 15 kilogrammes de graine de Pin, à 40 cent.	6	00
Total.	21	60

Sur une surface meuble, dépourvue de gazon et de bruyères, comme serait un terrain mis en culture depuis longtemps, les frais d'ensemencement comprendront seulement les trois derniers articles, savoir :

1° 4 journées de femmes, à 75 cent.	3 fr.
2° 6 kilogrammes de graine de genêt	3
3° 15 kilogrammes de graine de Pin.	6
Total.	12 fr.

Aux frais d'ensemencement il y a à ajouter pour les

clôtures d'autres dépenses qui varient beaucoup, suivant que l'on opère sur de grandes ou de petites surfaces, sur des landes ouvertes, des pâturages ou des terres labourables plus ou moins pourvues d'anciens barradeaux.

Dans le département des Landes, on estime avec raison le Chêne-liége, qui donne presque sans aucun frais des produits importants pour le commerce. On le rencontre fréquemment associé au Pin maritime dont le couvert et l'ombrage sont particulièrement favorables à cette essence pendant les premières années de sa végétation. Les Chênes-liége venus sans abri restent longtemps buissonneux et rabougris, tandis que ceux qui naissent en concurrence avec le Pin maritime forment une tige élancée et régulière telle qu'on la désire pour faciliter l'écorçage et l'abondance de la récolte en liége.

On plante le gland du Chêne-liége deux ans après l'ensemencement du Pin maritime; on procède comme pour cette essence, à la pelle et par poquets distants entre eux de 0m,60.

Les frais par hectare comprennent :

5 hectolitres de glands, à 6 fr.	30 fr. 00 c.
6 journées de femmes, à 75 cent.	4 50
Total.	34 fr. 50 c.

Ainsi l'ensemencement d'un hectare en sable tertiaire coûte, de :

12 fr. 00 c. à 21 fr. 60 c. pour le Pin maritime seul.

46 fr. 50 c. à 56 fr. 10 c. pour un semis mélangé de Pin et de Chêne-liége.

SECTION III.

DE LA PLANTATION EN MOTTE.

Ce mode de multiplication n'est point d'une application générale en Gascogne; quelques propriétaires s'en sont seuls servis pour reboiser des landes nues ou peu chargées d'arbrisseaux adventices qu'ils avaient hâte de transformer en pinière productive.

Voici comment on opère:

On choisit des Pins de trois ou quatre ans, qui ont poussé par dissémination naturelle sur des terres marécageuses de nature et de texture fibreuses. Autour du jeune Pin, on découpe une motte solide et consistante qui comprend tout l'appareil souterrain dans sa masse. Le tout est transporté vers le lieu de la plantation où la motte et le Pin sont déposés dans des trous de même dimension et de même forme que les mottes : on doit éviter de changer le jeune sujet de sens et d'exposition sur ce nouveau sol. Quand cette opération est pratiquée avec célérité et précaution, le Pin s'aperçoit à peine de la transplantation. Ces plantations se font en lignes espacées de 6 à 7 mètres. La plantation en motte, dont le succès dépend beaucoup de la promptitude de l'opération, n'est possible que dans le voisinage des marais dont le sol tourbeux ou argileux offre assez de consistance pour être découpé en motte. Cette pratique serait impossible dans une terre siliceuse et légère, qui, aussitôt l'arrachage du plant, se séparerait de la racine et la laisserait trop directement exposée à l'action des agents atmosphériques.

La plantation en motte peut être utilement employée dans les localités où le Pin est cultivé en vue de l'extraction de la résine. Ces pinières plantées ont quelques années d'avance sur celles qui auraient été semées à la même époque. D'un autre côté, les arbres transplantés et espacés de 6 à 7 mètres dès l'âge de quatre ou cinq ans offrent un tronc moins régulier et moins propre à donner du bois d'œuvre.

Lors même que le plant ne coûterait rien, ce mode de repeuplement revient encore assez cher par les transports qu'il occasionne dans des chemins sablonneux, lourds et mal entretenus. Malgré toutes les précautions qu'on apporte dans l'arrachage et la transplantation, le jeune Pin subit presque toujours une sorte de crise qui dure pendant la première année de la transplantation.

L'état maladif qui accompagne la reprise est d'ailleurs subordonné à l'époque de la transplantation.

D'après de nombreuses observations recueillies dans le département de la Haute-Loire, la transplantation en automne serait la plus favorable pour des sujets âgés de quatre ou cinq ans.

Quant aux plants de un à deux ans, il serait mieux de les transplanter au printemps, pour ne pas les exposer, pendant la reprise, aux gelées d'hiver auxquelles ils seraient très sensibles, particulièrement dans le nord de la France.

Dans tous les cas, quand on compare les semis à la transplantation, il faut déduire une année pour le retard apporté à la végétation des sujets transplantés, de sorte que des plants de quatre ans n'auront réellement que trois ans d'avance sur des semis opérés dans les mêmes circonstances.

CHAPITRE III.

FORMATION DES PINIÈRES DANS LES DUNES.

SECTION I.

COMPOSITION ET ORIGINE DES SABLES DES DUNES.

Les sables marins des dunes diffèrent des sables tertiaires par la grosseur de leur grain, par leur nature minéralogique, et par la présence de nombreux débris coquilliers. Ils sont blancs, fluides et secs à la surface, mais toujours frais à quelques centimètres de profondeur. Ils offrent aux végétaux ligneux d'excellentes conditions de végétation : un ameublissement complet, une profondeur indéfinie, une fraîcheur permanente, et une forte dose d'éléments fertiles empruntés aux corps organiques et minéralogiques de la mer.

M. Bartro, auteur d'une brochure intéressante sur Cap-Breton (Landes), nous indique la cause probable de ces alluvions marines.

« Il existe, dit-il, dans le golfe de Gascogne, un » courant maritime qui va au sud; il paraît être le » remous produit par la dépression du cap Ortégal, » lorsque les eaux courent au nord. Ce courant heurte » les houles qui, sur le rivage, tiennent en suspension » des sables enlevés à la côte ; il charrie ainsi une partie » de ces sables au sud pendant que les houles en re- » jettent une partie à terre, d'où, desséchés entre deux » marées, ils sont poussés vers l'intérieur par les » vents. »

Ces sables, soumis à l'action violente des vents de mer, s'accumulent en petits monticules désignés sous le nom de *dunes*. Tant que la nature ou l'industrie des hommes n'en a pas fixé la forme et la surface, ces dunes sont chassées par les vents, et semblent fuir la mer pour porter au loin dans l'intérieur des terres la stérilité et la misère. Les fleuves ont ainsi leur lit détourné, leur embouchure ensablée et obstruée : de là des inondations menaçantes pour les villages du voisinage, pour les champs cultivés, dont les plus bas sont tout à coup transformés en étangs et en marais.

La Corse doit aux dunes d'immenses marais insalubres qui répandent les maladies et la mort parmi les populations du littoral et des vallées qui aboutissent à la mer. On voit en Gascogne et en Flandre de vastes plaines marécageuses produites également par des dunes qui, s'interposant comme une digue puissante entre la mer et les cours d'eau, empêchent les eaux douces de s'abaisser jusqu'au niveau qu'elles atteindraient naturellement, si elles se mettaient directement en communication avec l'eau salée.

SECTION II.

DE LA FIXATION DES DUNES PAR LES VÉGÉTAUX.

La fixation des dunes est depuis longtemps l'objet des préoccupations et de la sollicitude du gouvernement.

On évalue la surface totale des dunes à 95 000 hectares entre les embouchures de l'Adour et de la Gironde,

L'ingénieur Bremontier a réussi le premier en 1787 à fixer les sables mouvants par des clayonnages, et, plus tard, par des semis de Pin maritime.

Pendant quelques années on a consacré au budget des travaux publics une somme de 100 000 francs destinés à fixer les dunes de Gascogne.

Il est intéressant d'examiner quels sont les végétaux qui avec le Pin maritime concourent à immobiliser les sables mouvants des bords de l'Océan, et qui croissent naturellement ou artificiellement dans ces conditions exceptionnelles où ils ont à lutter contre le vent, la tempête, les ensablements et les émanations salines et caustiques de la mer.

Au bord même de la mer, c'est-à-dire à la limite des vagues, sur le versant de la côte directement opposé à toutes les influences maritimes, on admire la végétation robuste du *Calamagrostis arenaria*, appelé vulgairement *Gourbet*, du *Triticum junceum* et du *Festuca sabulicola :* ce sont les trois espèces qui, par leur état vivace, leurs racines longues, traçantes et résistantes, leurs feuilles nombreuses et persistantes, le tallement de leurs tiges, contribuent le plus puissamment à arrêter les sables. Quelques autres plantes herbacées sont leurs faibles auxiliaires pendant l'été : tels sont le *Convolvulus soldanella*, l'*Adenaria peploides*, le *Cakile maritima*, le *Galium arenarium*, l'*Eryngium maritimum* et l'*Euphorbia paralias*. Franchissons ce petit versant baigné par la mer, et montons sur cette terrasse qui domine l'Océan ; là encore, sur une largeur de 4 à 500 mètres, les végétaux ligneux ne peuvent lutter contre les vents de mer. Nous n'y trouvons qu'une végétation herbacée qui comprend les espèces citées plus haut, auxquelles nous ajouterons les suivantes : *Elychrysum stœchas*, *Carex arenaria*, *Linaria serpyllifolia*, *Thymus serpyllum*, *Kœleria cristata*, *Aira canescens*, *Lotus corniculatus*, *Jasione montana*, *Silene bicolor*, *Alyssum arenarium*, *Hieracium prostratum*, *Anthyllis vulneraria*, *Astragalus bayonnensis*, *Medicago maritima*, *Dianthus gallicus*, *Ononis spinosa*, *Sedum acre*, *Diotis candidissima*, *Thrincia hirta*, *Crithmum maritimum*, *Artemisia crithmifolia*, etc.

La zone qui succède à cette dernière, située entre Bayonne et Cap-Breton, a été, par les soins du gouvernement, consacrée à la culture du Pin maritime.

Il est intéressant de visiter ces Pins maritimes, qui

semblent postés pour lutter contre la mer et pour arrêter les vents et les sables. Quoiqu'ils soient abrités par un énorme rideau de sables accumulés par les vagues, ils sont tous mutilés et difformes : aucun ne conserve sa flèche ; ils ont le tronc couché contre la terre, les branches recouvertes de sables et simulant autant de jeunes Pins marcottés. Les vents de mer les nivellent à une hauteur de 1m,50 du sol. Les grains de sable emportés par la tempête produisent sur les feuilles des chocs violents et multipliés qui les font jaunir et se dessécher.

A mesure qu'ils s'éloignent de la mer, étant nombreux et serrés, ils se servent mutuellement d'appui ; aussi ils grandissent et reprennent peu à peu leur forme naturelle.

Après cette zone de Pins difformes et rabougris, on trouve à environ 1 kilomètre de la mer de belles pinières qui fournissent en abondance du bois et de la résine ; toutefois il faut reconnaître que ces Pins n'acquièrent jamais les dimensions, la régularité et la verticalité de ceux des pinières plus avancées dans les terres : cette influence de la mer se fait sentir sur un rayon de 2 à 3 kilomètres.

Les plantations de gourbet (*Calamagrostis arenaria*), les vignes et les semis de Pins défendus par des clayonnages : tels sont les principaux moyens artificiels que l'on emploie pour immobiliser les surfaces sablonneuses.

Quelquefois aussi, la nature venant en aide, une

végétation spontanée et vigoureuse consolide et fixe les parties planes horizontales qui offrent le moins de prise à la violence des vents.

A Cap-Breton et dans plusieurs autres localités, le dunes ont été fixées par des vignes clayonnées à l'aide de procédés que nous exposerons à la fin de ce volume. Mais de toutes les plantes, c'est le Pin maritime qui joue le rôle le plus important dans la fixation et dans la mise en valeur des dunes de la Gascogne.

Les procédés à employer sont évidemment différents de ceux que l'on pratique pour l'ensemencement des sables tertiaires, qui ne sont point emportés par le vent.

SECTION III.

DE LA FIXATION DES DUNES PAR LES CLAYONNAGES.

Deux points principaux doivent préoccuper le forestier qui confie la semence de Pin à ces terrains mobiles.

Il faut : 1° empêcher les sables voisins d'envahir et d'anéantir le semis; 2° prendre les mesures nécessaires pour que le vent n'emporte pas et ne modifie pas la surface ensemencée : ce qui revient à dire qu'il faut fixer les sables environnants et abriter la terre ensemencée.

On immobilise les terrains environnants par des plantations de gourbet : si l'opération est chère, difficile ou interdite par le propriétaire voisin, on arrête les sables et l'on se met à l'abri des vents à l'aide de clayonnages qui ont pour effet de former, à des endroits déterminés, des dunes fixes qui, par leur hauteur et leur volume, opposent aux vents de mer et aux sables qu'ils mettent en mouvement une digue puissante propre à abriter efficacement les semis de Pin maritime.

Ces clayonnages ont été pratiqués par Courréges, garde domanial trop tôt enlevé à la science forestière. Ce bon observateur nous a fourni sur les procédés qu'il a employés des notes précieuses qu'on retrouve dans les *Annales forestières* (année 1847).

« Le clayonnage, dit-il, est le meilleur moyen à » employer pour consolider les sables mouvants et les » empêcher de se déplacer dans leurs parties exposées » aux vents. C'est la première opération à faire avant » de procéder à l'ensemencement.

» On pratique le clayonnage de trois manières : » 1° avec des planches ou madriers ; 2° avec des pieux » garnis de branchages ; 3° avec des bruyères ou autres » arbustes.

» On établit le clayonnage de manière à recevoir sous » une inclinaison de 45 degrés les vents du nord-ouest » ou du sud-ouest, qui sont les plus violents et les plus » redoutables pour les semis. Le clayonnage représente » un triangle dont la base est parallèle à la côte et » dont les deux côtés décrivent avec cette base un » angle de 45 degrés, direction exacte des vents pré- » cités.

» On a à peu près abandonné le clayonnage en » planches ou madriers, qui est le plus cher des trois;

» aussi il ne me paraît pas utile d'en donner la des-
» cription.

» Le clayonnage en pieux se compose de perches » d'environ 2 mètres et demi de longueur, plantées en » lignes et espacées entre elles de $0^m,50$. On les réunit » par des branchages de bruyères ou d'autres arbustes » aussi serrés que possible. Ce clayonnage coûte en » moyenne 40 centimes le mètre courant.

» Le clayonnage en bruyères est formé de quatre » rangées parallèles de bottes faites avec la grande » bruyère (*Erica scoparia*) ou avec les autres arbustes » des landes (ajoncs, genêts, etc.).

» Ces bottes, qui ont $0^m,24$ de pourtour, sont plantées » en quinconce à $0^m,15$ les unes des autres et en lignes » espacées de $0^m,25$.

» Le sable mouvant poussé contre ce barrage s'y » arrête et en remplit insensiblement tous les inter- » valles; il forme ainsi un talus des deux côtés.

» Au fur et à mesure que la dune s'élève, on a soin » de soulever de temps en temps toutes les bottes des » quatre rangées, jusqu'à ce que l'on juge la dune assez » élevée pour abriter les semis voisins.

» Ces deux sortes de clayonnage s'établissent à peu » près au même prix; mais le dernier dure plus long- » temps et s'entretient plus facilement. Néanmoins on » préfère le clayonnage en pieux pour les points où » le vent agit avec le plus de force et de violence. »

SECTION IV.

DE LA PRATIQUE DU SEMIS.

« On sème à la volée 16 kilogrammes de graine » de Pin par hectare et 7 kilogrammes de graine de » genêt. On répand successivement ces deux semences » qui, n'ayant pas la même densité, se sèmeraient mal » si elles étaient mélangées.

» On recouvre immédiatement la surface ensemen- » cée de broussailles, composées de bruyères, d'ajoncs » et autres arbustes dont le pied est tourné du côté du » vent, pour qu'ils se soulèvent moins facilement sous » l'action du vent. On donne de la fixité à cette cou- » verture en la chargeant de quelques pelletées de » sable.

» Les branches de Pin sont peu estimées comme » couverture, parce qu'elles se dépouillent très vite des » feuilles dont elles sont chargées.

» Dès que la couverture est achevée, il est bon de » répandre encore 4 à 5 kilogrammes de graines de » Pin qui, tombant entre les branchages, viendront » remplacer les graines enterrées à une trop grande » profondeur par le piétinement des ouvriers.

» Le genêt et le Pin maritime lèvent à peu près en » même temps dans les sables, mais le genêt se déve- » loppe avec plus de vigueur et couvre bientôt de son » ombrage les jeunes Pins dont la végétation se montre

» assez prompte et assez vigoureuse sous cet abri protecteur.

» Les frais d'ensemencement d'un hectare de sables » mouvants s'établissent de la manière suivante :

16 kilogrammes de graine de Pin, à 40 cent.	6 fr.	40 c.
10 kilogrammes de graine de genêt	5	00
Coupe de 750 fagots de bruyère de 20 kilogrammes chacun, pesés 15 jours après l'abatage, à raison de 3 francs le 100.	22	50
Transport de ces 750 fagots pris à une distance de 2000 mètres, à raison de 10 cent. par fagot. . . .	75	00
20 journées de femmes pour étendre et couvrir les bruyères, à raison de 75 cent. par jour.	15	00
Total.	123 fr.	90 c.

Il est bon que les jeunes Pins qui croissent dans le voisinage de la mer végètent nombreux et serrés; ils peuvent ainsi résister avec plus d'efficacité au choc des vents et des tempêtes, et sont moins exposés, par l'appui qu'ils se prêtent mutuellement, à se courber et à se briser sous le poids de la neige qui les charge beaucoup pendant l'hiver.

Les dépenses d'un semis avec couverture sont incomparablement plus élevées que celles d'un ensemencement ordinaire sur une surface nue et non garnie de branchages. Ces frais peuvent encore augmenter par le manque ou l'éloignement des bruyères destinées à la couverture. Dans ce cas, avant de déposer la graine de Pin sur la surface préalablement abritée par une dune artificielle due à l'effet d'un clayonnage, on attend qu'elle soit définitivement fixée soit par une végétation spontanée, soit par une plantation de gourbet (*Calamagrostis arenaria*), que l'on espace d'un mètre dans tous les sens.

Une fois la surface enherbée, on sème le Pin à la pelle et en poquets, d'après la méthode exposée précédemment pour l'ensemencement des sables tertiaires à surface immobile.

Enfin, quand aucune végétation herbacée n'est possible sur la surface à ensemencer, ce qui a lieu pour les sables les plus voisins de la mer, et quand en même temps on ne peut, faute de bruyères, employer la méthode décrite par Courréges, on sème néanmoins le Pin sur ce sol nu et meuble que l'on s'empresse de recouvrir avec des branchages de Pin résultant des éclaircies et des élagages des pinières les plus rapprochées des surfaces à fixer.

On dispose, à cet effet, les branches sur la terre dans la direction du nord au sud ; à côté de la première branche on en pose une seconde, à côté de la seconde une troisième, et ainsi de suite jusqu'au sommet de la dune : les branches sont coupées à égale longueur, comprise entre 3 mètres et 3m,50.

Cette première ligne de branches arrangée, on en forme une seconde et une troisième, l'une à droite, l'autre à gauche, dans le même sens, de manière que les bouts des branches s'entrecroisent.

Pour les fixer invariablement, on place sur les bouts des branches une perche de Pin de la grosseur d'environ 8 centimètres de circonférence, et l'on fixe en terre l'extrémité de chaque perche avec de petits crochets en bois : ce mode d'ensemencement revient à environ 160 francs par hectare, y compris les frais de semis.

Si une partie de la dune est immobile, on se dispense naturellement d'y appliquer la couverture en branches de Pin.

La nécessité de couvrir les sables mouvants, dans le but d'assurer la germination et le développement du Pin maritime, double au moins les frais d'ensemencement : néanmoins on aurait tort de reculer devant une dépense qui produit un bien incalculable. En effet, ces sables mobiles une fois garnis de Pins, donnent naissance à des forêts vigoureuses qui, en peu d'années, fournissent d'abondantes matières ligneuses et résineuses.

Grâce à la présence du Pin maritime, ces dunes sont définitivement fixées et n'iront plus détruire au loin des forêts, des cultures, des villages, comme cela s'est vu près de l'étang de Léon et à Vielle (village des Landes), où l'église même a disparu sous les sables apportés par le vent.

Que les pinières de la Gascogne soient établies dans les dunes ou dans les sables tertiaires, au fur et à mesure que les arbres se développent et grandissent, elles ont besoin d'être soumises à des éclaircies périodiques et à des élagages modérés et judicieux. Nous ne reviendrons pas ici sur des opérations qui ont été suffisamment décrites dans la deuxième partie de cet ouvrage.

Nous passons immédiatement à l'extraction de la résine, qui forme le produit le plus important des forêts résineuses de la Gascogne.

CHAPITRE IV.

RÉSINAGE OU GEMMAGE.

On appelle ainsi l'opération qui a pour objet d'obtenir du Pin maritime, à l'aide d'incisions pratiquées sur le tronc, un suc résineux qui se concrète à l'air, et qui, soumis à la distillation, fournit la térébenthine et plusieurs autres matières fort utiles dans les arts.

SECTION I.

DES SOINS A DONNER AUX PINIÈRES DESTINÉES AU GEMMAGE.

Aussitôt que les arbres d'une jeune pinière ont 10 à 15 centimètres de diamètre, à 1 mètre du sol, au lieu d'enlever par une éclaircie immédiate les Pins qui gênent les autres, on les entaille vigoureusement sur deux ou trois faces un an ou deux ans avant l'abatage. On y pratique des incisions larges et profondes, afin d'en extraire le plus de résine possible : on dit alors qu'on les *saigne à mort.*

Ces amputations affaiblissent tellement les jeunes sujets, qu'ils ne pourraient se rétablir lors même que l'on cesserait de les résiner. L'hiver, on remarque beaucoup de ces Pins qui, *saignés à mort* l'année précédente et trop faibles du pied, sont renversés et brisés par le vent.

Par ces éclaircies successives qui fournissent de la résine et du bois, les Pins restants deviennent plus beaux et plus aptes à fournir ultérieurement une abondante récolte de résine.

Parvenu à l'âge de vingt ans, le Pin, élancé convenablement, éprouve rarement le besoin de l'élagage; et, quand il devient producteur de résine, il lui faut toutes ses branches et toutes ses feuilles, qui, par les importantes fonctions qu'elles remplissent dans l'atmosphère, ont une grande influence sur la production de la résine. On remarque, en effet, que ce sont les Pins les plus chargés de ramifications et de feuilles qui sont les plus généreux en résine. L'élagage devient d'autant moins nécessaire aux Pins adultes, que le vent ne leur fait subir que trop souvent cette opération. Les couronnes les plus anciennes, devenant de plus en plus lourdes par l'addition successive de nouvelles ramifications, ne résistent pas longtemps à leur poids et aux efforts du vent; notons, en outre, qu'elles sont horizontales, et qu'elles ne font pas avec la tige cet angle aigu qui, dans d'autres espèces ligneuses, contribue à fortifier les ramifications sur la tige.

Les nettoiements ne sont pas usités dans les forêts résineuses; cependant ils seraient utiles dans certaines circonstances. Quelquefois la Ronce (*Rubus fruticosus*), et l'Ajonc marin (*Ulex europæus*), se multiplient avec une telle profusion sous les Pins, qu'il n'est pas douteux qu'ils ne soient nuisibles à ces derniers, par l'humidité et les sucs nutritifs dont ils les privent : ces arbustes épineux ont, en outre, l'inconvénient de gêner beaucoup les résineurs qui, nu-pieds, doivent se frayer de nombreux sentiers à travers ce fourré impénétrable. L'Arbousier (*Arbutus unedo*), dont on utilise le fruit pour la fabrication d'une boisson acidulée, croît sur certaines dunes avec une abondance qui doit être aussi préjudiciable aux Pins et aux Chênes-liége. Le Genêt à balais (*Spartium scoparium*) et la grande Bruyère (*Erica scoparia*), paraissent moins nuisibles. Enfin, l'*Erica cinerea* et la grande Fougère (*Pteris aquilina*), dont les pinières abondent, sont des espèces trop faibles pour qu'on leur attribue une mauvaise influence sur les Pins; d'ailleurs ces deux plantes sont généralement récoltées par les cultivateurs, qui, à défaut de paille, en font la base de leurs fumiers.

SECTION II.

DE L'AGE DES PINS PROPRES AU RÉSINAGE.

Les plus beaux Pins sont bons à résiner dès l'âge de vingt ans; disons, toutefois, que ce n'est pas l'âge qui indique la maturité des Pins : il en est qui sont bons à vingt ans, d'autres à trente, d'autres enfin à quarante.

Si l'on tient à avoir des arbres vigoureux et bien développés, il ne faut pas les résiner trop tôt; plus on attend, mieux cela vaut pour la santé des arbres. Le résinage ralentit le développement et abrége la durée des sujets; c'est dans l'âge adulte qu'ils supportent le mieux cette opération, qui semble les constituer dans un état maladif : aussi, dans les pinières bien administrées, comme celles de l'État, on prescrit avec soin l'âge et la grosseur des sujets à résiner, on introduit dans le cahier des charges des clauses qui prescrivent aux fermiers le nombre et les dimensions des entailles, le nombre des ravivages dans un temps déterminé, etc., toutes instructions qui ont pour but de protéger la santé des arbres contre l'avidité des fermiers qui, affranchis de ces clauses, augmenteraient la masse de ces produits par de trop fréquentes amputations. Revenons à l'âge du résinage.

L'exposition et la nature du sol, qui ont une influence sur la vigueur des arbres, influent aussi sur l'époque du résinage. Les Pins qui végètent dans les meilleurs sables sont les premiers résinés; ceux qui sont exposés au sud le sont plus tôt que ceux qui sont au nord.

Il est encore d'autres circonstances qui avancent ou retardent le résinage : tels sont les éclaircies et les élagages faits à propos dans la jeunesse, la position personnelle du propriétaire. Celui qui, par le manque d'argent, est pressé de jouir, résine ses Pins plus jeunes que celui qui est dans une grande aisance.

Toutefois les bons praticiens posent en principe que c'est la grosseur du tronc qui doit être seule prise en considération. Voici ce qu'ils disent : *Tout Pin est bon à résiner, quand, en enroulant le bras droit autour du tronc à hauteur d'homme, on aperçoit le bout des doigts de l'autre côté.* C'est-à-dire que le tronc doit avoir environ 25 à 30 centimètres de diamètre. Une pinière en plein rapport contient environ 200 arbres soumis à un gemmage régulier et définitif.

SECTION III.

DES INSTRUMENTS DU RÉSINEUR.

La résine découle des Pins pendant neuf mois de l'année; elle ne cesse que pendant novembre, décembre et janvier. Physiologiquement parlant, on pourrait dire que cette sécrétion est continue, et qu'elle ne fait que se ralentir par l'abaissement graduel de la température. Dès le 15 février, le résineur rentre dans ses pinières pour n'en sortir qu'au 15 novembre.

La première opération qu'il pratique, c'est l'écorçage des parties du tronc qui devront être entaillées pendant le cours de l'année; elle consiste à enlever les rugosités de l'écorce, de manière à ne laisser sur l'aubier que les dernières couches corticales qui forment une surface régulière, unie et rougeâtre. Cette opération et celle du résinage exigent l'emploi de plusieurs instruments spéciaux dont nous allons donner les descriptions et les figures.

Ces instruments sont l'*abchotte*, l'*échelle du résineur*, la *barrasquite*, la *pousse*, la *pelle*, la *cognée* et le *panier du résineur*.

Abchotte (fig. 1). — Cet instrument, désigné sous le nom d'*abchotte* en Gascogne, a quelque ressemblance avec la cognée; il en diffère par son manche courbe et par la concavité de sa lame. Il est le principal instrument du résineur; il sert exclusivement à raviver les entailles. Il doit couper comme un rasoir, afin que la section des tubes ou vaisseaux résinifères soit aussi nette que possible. Son manche courbe dans un plan qui serait parallèle à ce manche et perpendiculaire au plan de la figure 1, donne plus de facilité pour entailler le tronc cylindrique du Pin, soit que le résineur se trouve au pied de l'arbre, soit qu'il se place en équilibre sur son échelle.

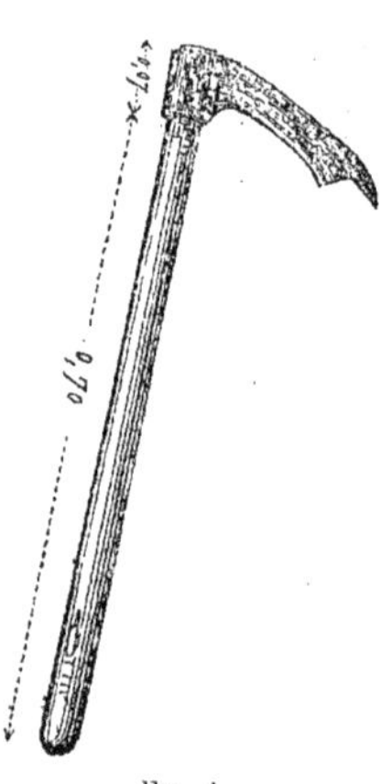

Fig. 1.

La concavité de son tranchant, qui est presque semi-cylindrique, donne à l'entaille une forme concave qui facilite l'écoulement de la résine : sa forme, irrégulière dans le manche et le tranchant, en fait un instrument difficile à manier; ce n'est que par une longue habitude qu'on parvient à s'en servir avec sûreté, habileté et dextérité. L'usage de l'abchotte rend le métier du résineur d'un assez long apprentissage, et difficile surtout pour les personnes adultes qui n'ont jamais tenu cet instrument pendant leur jeunesse.

Dans sa construction, l'abchotte présente autant de

difficultés que le versoir courbe de la charrue. Il est tel forgeron qui de sa vie n'est jamais parvenu à donner à l'abchotte la forme traditionnelle qui convient à l'opérateur. Le résineur, aussi jaloux de son abchotte que le moissonneur l'est de sa faux, tient à l'avoir constamment en parfait état d'entretien; il l'aiguise le matin, à la maison, avant de sortir, et lui donne plusieurs coups de pierre dans le cours de la journée.

Échelle du résineur (fig. 2). — L'échelle du résineur n'est qu'une simple tige de bois que l'on a amincie en laissant de petits degrés prismatiques en forme de dents et distants entre eux de 0^{m},30. Un clou renforce chaque degré et en prévient la rupture, qui serait d'autant plus imminente dans le sens des fibres que cette échelle est toujours de bois de Pin. Sa longueur totale est de 4^{m},40; elle sert au résineur pour continuer les entailles qui ne sont plus à hauteur d'homme. La simplicité de sa forme et la légèreté de son bois la rendent moins lourde et plus maniable que l'échelle ordinaire; notons qu'elle doit être portée d'une seule main, puisque l'autre main est occupée par l'abchotte qui pèse presque autant que cette échelle. Le résineur est nu-pieds pour avoir plus de dextérité et d'aplomb; le pied droit s'appuie sur l'un des degrés, tandis que le gauche s'enroule autour du tronc, pour maintenir l'échelle, qui semble toujours sur le point de tomber. (Voyez la planche placée en tête du volume.)

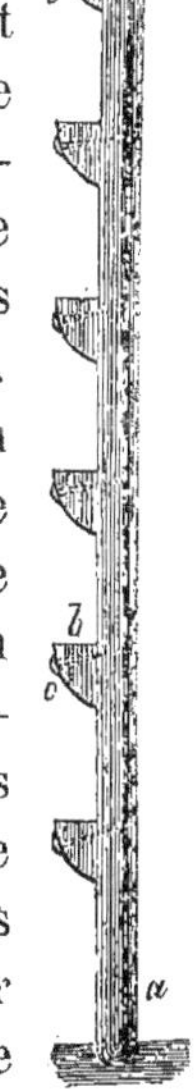

FIG. 2.

Le pied gauche et la partie supérieure de l'échelle figurent assez bien une fourche qui embrasse le tronc entre ses deux branches et dont le manche prend un point de fixité sur le sol.

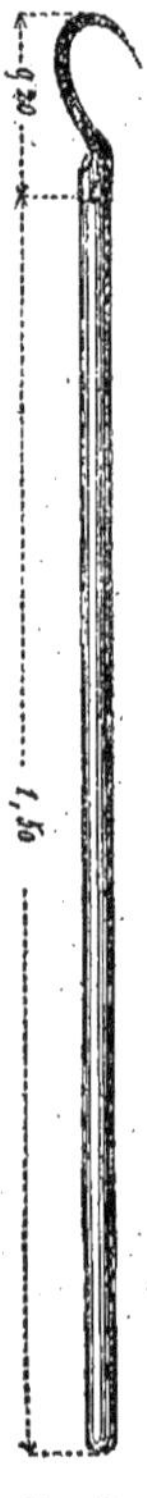

Ainsi, quand le résineur est en opération, les pieds sont pour l'échelle et les mains pour l'abchotte. Le résineur se complaît à grimper sur son échelle, et il semble que ce soit la position normale pour manier l'abchotte avec le plus de facilité : très souvent le résineur monte sur son échelle pour les entailles peu élevées qu'il pourrait facilement raviver du pied de l'arbre. En cheminant d'un Pin à un autre, il porte l'échelle sur l'épaule droite, la maintient de la même main, et tient son abchotte dans la main droite.

Barrasquite (fig. 3). — On désigne par ce terme gascon un instrument qui ressemble beaucoup à une petite houe à long manche par la forme de sa lame recourbée.

La lame est acérée, et le manche, qui est de bois, a 1^{m},50 de longueur. La barrasquite sert à l'écorçage pour les parties de l'arbre qui ne sont plus à la portée de la cognée. On l'emploie encore pour la récolte du barras, résine qui se fige le long de l'entaille et qui se recueille en automne.

0,20

1,50

FIG. 3.

Pousse (fig. 4 et 5). — Cet instrument, dont les figures 4 et 5 représentent le plan et le profil, est de fer acéré, comme les précédents. Son manche de bois a

2m,40 de longueur. La forme de la barrasquite exige qu'on la fasse fonctionner sous une certaine inclinaison, et par conséquent sur des surfaces d'une hauteur déterminée; passé cette hauteur, elle doit être remplacée par la pousse dans l'écorçage et dans la récolte du barras. Ainsi, la pousse a les mêmes usages que la barrasquite; seulement cette dernière sert pour les parties moyennes de l'entaille, tandis que l'autre est réservée pour les points les plus élevés. La lame de la pousse est inclinée, comme on le voit, par son profil; cette inclinaison permet au résineur de la manier à quelque distance du pied de l'arbre, de manière à ne pas recevoir sur la tête les éclats d'écorce ou le barras qu'il détache sur l'entaille.

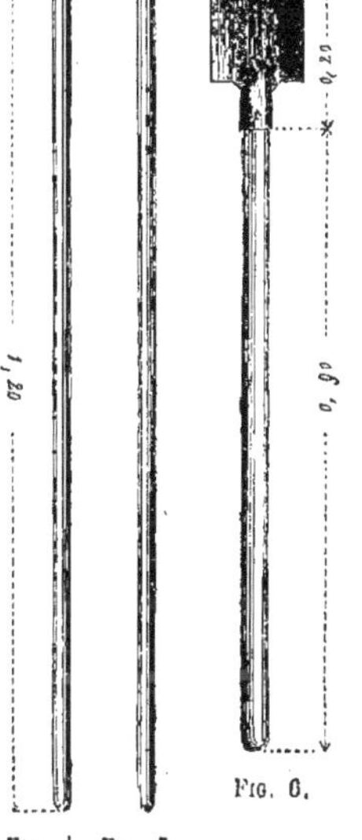

Fig. 4. Fig. 5. Fig. 6.

Pelle (fig. 6). — Cette pelle est de fer, le tranchant est d'acier; elle est munie d'une douille qui sert à y adapter un manche de bois d'une longueur de 0m,90. La pelle sert à écorcer les parties les plus basses de l'arbre, à construire et à nettoyer les augets où se dépose la résine au pied de l'arbre; enfin on l'emploie principalement pour retirer la résine de ces petits réservoirs et la déposer dans le panier du résineur, opération représentée dans la gravure placée au commencement de ce volume.

Cognée. — La cognée du résineur ne diffère de celle des bûcherons que par son poids, qui est plus considérable ; cet instrument est trop connu pour que nous nous arrêtions à le décrire : on s'en sert pour écorcer les parties du tronc situées à hauteur d'homme. Quand il s'agit de commencer une incision au pied de l'arbre, on préfère la cognée à l'abchotte qui fonctionnerait mal sur ces parties irrégulières et dont le tranchant affilé serait trop exposé à s'émousser par son contact avec le sable.

Panier du résineur. — C'est une espèce de seau d'une capacité d'environ 20 litres. Il est tout de liége ; son cylindre est une écorce complète d'un gros chêne-liége, que l'on a réunie par deux ou trois cercles de bois ; le fond, qui est aussi de liége, est fixé au cylindre avec des chevilles de bois ; une anse d'osier, dont on a adouci la surface en y enroulant des chiffons, sert à transporter ce panier de réservoir en réservoir. Il est goudronné par l'usage et ne tarde pas à devenir imperméable à la résine. Une lame de fer est fixée au bord supérieur pour aider à détacher la résine qui adhère à la pelle. Le panier du résineur est quelquefois carré et formé de planches, comme on le voit dans la gravure du résineur en opération.

Ce panier rempli est porté sur la tête et vidé dans des barriques munies d'une grande ouverture rectangulaire percée à l'endroit où les barriques à liquide portent une bonde.

Ces barriques, montées sur un train attelé d'une paire de bœufs, sont transportées une à une aux usines de térébenthine.

Tel est le mobilier simple et peu coûteux du résineur. Il fait lui-même son échelle et son panier; les autres instruments, il les achète aux prix suivants:

La pelle coûte	2 fr.	
La cognée (1 fr. le 1/2 kilogr.). . . . . . 5 à	6	
La barrasquite.	2	
La pousse	2	50 c.
L'abchotte (1 fr. le 1/2 kilogr.). . . . . . 5 à	7	

SECTION IV.

DE L'ÉCORÇAGE.

Tous les instruments du résineur étant connus, je reviens à l'écorçage.

L'écorçage des Pins se fait au pied de l'arbre avec la pelle ; à hauteur d'homme, avec la cognée ; à 2 et 3 mètres, avec la barrasquite ; à 3 et 4 mètres, avec la pousse.

Pour l'économie du temps, plusieurs ouvriers pratiquent ensemble cette opération sur les surfaces de différentes hauteurs : l'un manie la pelle, l'autre la cognée, un troisième la barrasquite et la pousse.

Chaque ouvrier travaille aux entailles dont les hauteurs prescrivent l'instrument qu'il porte.

L'écorçage se fait sur une surface un peu plus longue

et deux ou trois fois plus large que celle qui doit être entaillée dans l'année courante.

On retire plusieurs avantages de cette opération. 1° La résine est plus propre; car si l'on entaillait des écorces neuves et rugueuses, les éclats jailliraient, plus nombreux, dans la résine, qui en serait salie. 2° Les rugosités de l'écorce brute émousseraient le tranchant de l'abchotte, qui doit toujours être parfaitement affilée. 3° La résine, qui se détournerait de l'écorce en suivant les lois de la pesanteur, se perdrait dans les cannelures latérales de l'écorce, tandis que, par l'écorçage, on lui offre une surface unie, qui facilite son écoulement. 4° On pense que, par l'enlèvement de l'écorce, l'action de la chaleur atmosphérique devenant plus immédiate sur les vaisseaux résinifères, la sécrétion de la résine en est sensiblement favorisée.

SECTION V.

DES RÉSERVOIRS.

L'écorçage terminé, on nettoie avec la pelle les anciens réservoirs, appelés *crots* en gascon; des résineurs portent la propreté jusqu'à les balayer, ainsi que les surfaces environnantes, afin que la résine soit moins exposée à être salie par des corps étrangers.

Ces réservoirs sont de petits augets creusés dans le sable au pied de l'arbre; on en rehausse les parois latérales avec de la mousse et des éclats d'écorce. Quand ils sont récents, la première résine absorbée par le sable et les corps étrangers les vernisse et les goudronne, en se durcissant et laissant filtrer dans le sol l'essence de térébenthine. Un réservoir sert ordinairement pour trois entailles successives, d'abord pour celle qui lui correspond directement, et ensuite pour chacune des entailles latérales au bas desquelles on creuse une petite gouttière qui conduit la résine dans le réservoir commun. Le résineur agit économiquement en faisant le moins de réservoirs possible; car tout nouveau crot occasionne une perte considérable de matière résineuse, indispensable pour en consolider les parois.

Dans quelques localités, ce réservoir est formé de trois planchettes enchâssées dans le tronc et disposées en entonnoir. Disons, toutefois, que ce réservoir est encore rare, et que c'est celui que nous avons décrit le premier dont l'usage est le plus commun.

Cette manière de recueillir la résine dans des augets creusés dans le sol fait éprouver une perte assez notable de la matière résineuse. Il suffit d'inspecter des Pins résinés depuis longtemps, pour juger de la quantité de résine qu'il a fallu pour façonner tous les réservoirs qui les entourent. Cette matière, durcie et noircie par le temps, occupe une surface de 1 à 2 mètres de diamètre et s'étend dans le sol à une profondeur assez considérable. Mais ce n'est pas là la seule perte : ces vases formés de résine ne sont pas imperméables à l'essence de térébenthine, qui a, au contraire, la propriété de pénétrer et de dissoudre les matières résineuses plus ou moins solides et plus ou moins desséchées. Aussi, toutes les fois que les réservoirs contiennent de la résine fraîche, il s'opère dans le sol, à travers les parois résineuses du crot, une filtration continuelle d'essence de térébenthine; pour s'en convaincre, il suffit d'entamer un de ces réservoirs et d'examiner le sable avec lequel il était en contact : on le trouvera humide et imprégné de térébenthine. Ce serait donc un grand progrès de remplacer ces réservoirs par des vases de terre vernissés et tout à fait imperméables.

M. Hugues, de Bordeaux, est le premier qui ait songé à faire l'application en grand de ces récipients perfectionnés. Mais il a été plus loin : au lieu de fixer son récipient au pied de l'arbre, il est parvenu, par des moyens simples et faciles, à l'attacher le plus près possible de l'incision ; nouveau perfectionnement qui doit avoir une grande influence sur la richesse de la résine en térébenthine. Par les anciens procédés, la résine parcourait lentement l'entaille, à travers une masse de matière concrétée, pour venir se rendre au pied de l'arbre; pendant ce trajet, il n'est pas douteux qu'elle perdait beaucoup d'essence par évaporation : le récipient ascensionnel de M. Hugues, recevant la matière presque à sa sortie de l'incision, prévient évidemment cette perte favorisée dans les pinières par une température qui s'élève en raison du pouvoir absorbant des sols siliceux et de la stagnation de l'air intercepté par les Pins. Le récipient de M. Hugues reçoit un couvercle qui protége la matière contre les corps étrangers, tels que les éclats de bois, les insectes, etc.

Aussi M. Hugues, par ses nouveaux procédés, obtient une résine plus abondante, plus propre et plus généreuse en essence. Je ne m'étends pas davantage sur ce nouveau système de résinage, que M. Hugues a développé avec soin dans plusieurs brochures. On y trouvera la solution pratique et économique de son système, comparée aux anciens procédés. Tout cultivateur éclairé ne peut qu'approuver le système de M. Hugues et souhaiter, pour la prospérité des Landes, que son application devienne de plus en plus générale.

Les réservoirs nettoyés et préparés, ou les récipients de M. Hugues suspendus à l'aide d'une pointe et garnis des tabliers de fer qui arrêtent la gemme sur l'entaille pour la déverser dans ces récipients, le résineur n'a plus qu'à s'occuper de l'entaille désignée, le plus ordinairement, sous le nom de *carre*. Ainsi la carre, c'est la partie amputée de l'arbre, résultant des incisions successives qu'on y a pratiquées, et servant de canal à la partie solide de la gemme.

Traitons maintenant la pratique des incisions, ou piques.

SECTION VI.

DE L'INCISION, OU PIQUE.

Cette opération consiste à amputer l'aubier de manière à mettre à jour les vaisseaux, cellules ou lacunes résinifères. Elle se pratique dès la fin de février, avec un instrument spécial que nous avons décrit sous le nom d'*abchotte*. Elle commence au pied de l'arbre et se continue en montant jusqu'à la hauteur maximum de 4^m,33. L'incision a la forme d'un croissant; c'est un segment dont l'arc est supérieur et sépare la carre de la partie non incisée, et dont la corde est inférieure et a une longueur de 12 à 13 centimètres, dimension qui est la même que la largeur de la carre.

La carre laboure l'aubier du Pin sur une épaisseur qui varie, du bord au centre, de 1 à 2 centimètres : nous rappelons qu'elle est concave, et que c'est au centre qu'elle est le plus profonde. On ne s'explique pas pourquoi cette forme, qui favorise si bien l'écoulement de la gemme, n'est pas adoptée dans certaines localités où la carre plane est en usage de temps immémorial.

Dimension de l'incision. — A chaque pique ou incision, la carre monte de 1 à 2 centimètres, et l'on a soin, en pratiquant la nouvelle incision, de prolonger les coups de l'abchotte sur les piques précédentes, de manière à raviver l'entaille sur une hauteur de 10 à 15 centimètres.

La carre est une véritable plaie qui fait d'autant plus souffrir les Pins qu'elle est plus large, plus longue et plus profonde. Pour mettre un frein à l'avidité des fermiers, le propriétaire en prescrit avec soin les différentes dimensions.

Pour les pinières de l'État, le cahier des charges porte que l'épaisseur du bois à prendre en hauteur à chaque pique ou incision est rigoureusement fixée à 1 centimètre, que la largeur de la carre sera de 11 centimètres et la hauteur de 66 centimètres par année.

Ces incisions doivent être d'autant plus fréquentes qu'une température élevée favorise davantage la sécrétion résineuse. Dans le printemps et l'automne, on pique tous les cinq jours, et tous les quatre en été; en moyenne, deux fois par semaine.

Le nombre d'incisions qu'un résineur peut pratiquer varie un peu suivant la hauteur des carres : les Pins *abions*, ceux qui portent des carres de première année, dispensant de l'échelle, sont plus vite expédiés que les carres de plusieurs années; il est aussi des pinières tellement encombrées de ronces et d'ajonc, qu'il est impossible au résineur de franchir rapidement les sentiers qui séparent les Pins. On comprendra mieux les obstacles des pinières embarrassées de landes meurtrières, en sachant que le résineur est toujours nu-pieds, pour être plus agile sur son échelle et pour pouvoir enlever avec les pieds les éclats qui jaillissent dans les réservoirs lors de l'incision : ce nettoiement n'est pas possible avec les mains, dont l'une tient l'abchotte et l'autre porte l'échelle.

Dans les cas les plus ordinaires, un bon gemmier ou résineur pique, en moyenne, 1200 Pins dans une journée d'été.

Nombre de carres par arbre. — A l'état normal, c'est-à-dire dans l'âge adulte, les Pins ne sont saignés que par une entaille; il n'y a que les jeunes et les vieux Pins destinés à l'abatage qui soient soumis à plusieurs carres simultanées. Il est de vieux Pins qui sécrètent de la gemme par six ou huit incisions.

Les entailles qui fournissent le plus de résine sont les quatre premières. Quand le Pin a été saigné par ses quatre faces principales, ses produits résineux diminuent généralement.

Les Pins les plus vigoureux sont les meilleurs producteurs; il est facile de deviner la décadence et la faible production d'un Pin à la vue de son écorce couverte de lichens, du petit nombre de ses couronnes, de ses branches à moitié mortes, de ses feuilles exiguës et peu persistantes, de ses pousses annuelles rabougries.

La durée d'une carre étant de quatre à cinq ans, la production de la gemme se maintient pendant seize à vingt ans.

Il ne faudrait pas croire que l'on sacrifie le Pin aussitôt que l'on a épuisé les quatre faces principales. Si le bois a peu de valeur, on pratique quatre entailles successives sur les cannelures qui séparent les quatre premières; on récolte donc encore de la résine pendant seize ou vingt ans. Le Pin, qui pouvait avoir vingt ans lors de la première entaille, en a alors cinquante-deux à soixante. On pourra encore, sur les cannelures intermédiaires, pratiquer huit entailles qui, menées deux ou trois simultanément, dureront encore une vingtaine d'années; il est donc des Pins qui sécrètent de la gemme pendant cinquante-deux à soixante ans. Arrivés à l'âge de quatre-vingts ans, leur revenu annuel s'est beaucoup affaibli, et il est avantageux de les abattre, ne dût-on les vendre que comme bois de chauffage.

Aux environs de Bayonne, un Pin à quatre carres vaut, sur place, 5 francs comme bois de chauffage; le bon économiste préfère l'abattre plutôt que de le conserver pour la résine annuelle, qui, tous frais faits, ne vaudrait que 15 à 20 centimes, L'abatage a en outre l'avantage de favoriser un nouveau repeuplement.

Gemme ou résine. — Revenons à la gemme. Aussitôt que l'abchotte a ravivé l'entaille, la résine suinte en gouttelettes visqueuses et transparentes qui, cédant à leur poids, découlent peu à peu, poursuivant leur marche lente et presque insensible le long de la concavité de la carre, si toutefois celle-ci forme une route verticale, la seule que puisse suivre un liquide abandonné dans sa chute.

Ce principe immédiat, qui, avant son exposition à l'air, n'était probablement que de l'essence pure de térébenthine, absorbe dans son trajet l'oxygène de l'air qui le fait épaissir et blanchir en lui donnant la constitution d'un mélange de résine et d'essence.

La partie la plus solide reste figée sur la carre, tandis que la plus liquide se sépare par jet continu, mais insensible dans le réservoir, où sa consistance augmente successivement par son contact prolongé avec l'oxygène de l'air.

Barras ou galipot. — La gemme concrétée sur l'entaille se désigne sous le nom spécial de *barras :* c'est un corps solide, blanc, opalin, d'un éclat vitreux et d'une adhérence visqueuse. Le barras s'accumule pendant neuf mois sur la carre sans qu'on le recueille.

C'est une méthode vicieuse qui offre les deux inconvénients suivants. Cette résine, exposée à l'air et à la chaleur, en plaques minces, pendant les trois quarts de l'année, perd par évaporation et par oxygénation presque toute son essence, qui est la substance la plus précieuse de ce produit. En outre, cette concrétion, embarrassant toute la surface de la carre, retarde la marche de la nouvelle résine, tout en multipliant ses points de contact avec l'oxygène de l'air. Cela est si vrai, que les longues carres finissent par ne fournir que du barras, la résine produite étant interceptée et absorbée dans son trajet. Le système de M. Hugues, qui rapproche le récipient de l'incision, et qui ne permet la production du barras que sur une faible longueur, doit évidemment augmenter le rendement en essence.

M. Hugues, qui sait combien le barras s'appauvrit par le temps, a aussi la précaution de le ramasser plusieurs fois dans le cours de l'année.

Carre oblique. — Si la carre est oblique par suite de l'inclinaison du sujet, la gemme liquide se dévie à une certaine hauteur, d'où elle tomberait goutte à goutte sur le sol, où elle se perdrait, si le résineur prévoyant n'avait placé en ce point un auget ou une tuile creuse désignée sous le nom de *couch*. Ces gouttelettes sont si irrégulières dans leur chute, souvent contrariée par le vent, que plus de la moitié ne tombe pas dans le réservoir étroit destiné à les recevoir. Le récipient ascensionnel de M. Hugues, pouvant s'attacher près de l'incision, reçoit la gemme avant sa déviation, et prévient cette perte de matière qui est incalculable sur les Pins irréguliers et non verticaux.

Si la carre est tellement accidentée que la pose du récipient y soit impossible, M. Hugues reçoit les gouttelettes de gemme dans un vase large, rond, percé d'un trou au centre, vase qui forme entonnoir au-dessus d'un récipient vernissé reposant sur le sable.

La forme circulaire de cette espèce d'entonnoir, dont le plus grand diamètre est d'environ 30 centimètres, se prête évidemment mieux à la réception de la gemme que les couchs oblongs, dont la plus petite largeur n'est que de 10 à 12 centimètres. Les couchs ont, en outre, l'inconvénient d'exposer la gemme, sur une grande surface, au contact de l'oxygène de l'air.

Le gemmier, comprenant la perte qui résulte de l'emploi du couch, déploie toute son industrie à conduire la gemme directement par la carre au réservoir du pied : si elle tend à s'échapper par l'un des bords, il y enchâsse, de distance en distance, des copeaux qui forment oreille et qui ramènent la matière dans le droit chemin ; si enfin il devient impossible de la maintenir dans la carre, on place au point de déviation un copeau horizontal en forme de gouttière, afin de détacher la gemme en gouttelettes reçues dans un couch.

SECTION VII.

DE L'AMASSE, OU CUEILLETTE.

Aussitôt que les réservoirs sont pleins de gemme, il faut s'empresser de les vider; il est même prudent de ne pas attendre que la plupart soient remplis, car alors ceux des meilleurs Pins déborderaient et perdraient la partie de la gemme la plus riche en essence; ou bien, une pluie survenant les remplirait outre mesure, et cette eau déborderait, emportant avec elle la couche d'essence qui surnage à la surface. M. Hugues, par l'emploi de trous inclinés percés dans la partie supérieure de la paroi latérale de son récipient, permet à l'eau excédante de s'écouler sans entraîner la gemme avec elle. Toute l'eau ne sort jamais du récipient; il en reste sur la gemme une couche formant une couverture qui protége la gemme contre l'évaporation. Les praticiens ont toujours remarqué que la présence d'une couche d'eau sur la gemme augmentait sa richesse en essence.

Revenons à la cueillette.

Les réservoirs étant suffisamment remplis, ce qui a lieu, en été, tous les quinze ou vingt jours, le gemmier, muni de son panier et de sa pelle de fer, se rend à chaque réservoir; il prend la gemme avec la pelle, d'où il la verse dans l'*escouarte* (panier), la détachant avec la lame de fer fixée au bord de ce panier, qui, rempli, est vidé dans une barrique.

La gemme des réservoirs creusés au pied des Pins est demi-fluide, d'un blanc jaunâtre, et mélangée de petits copeaux, d'insectes, de sable, etc.; celle de M. Hugues est plus blanche et plus pure, contenant beaucoup moins de corps étrangers.

La barrique de résine contient 42 veltes ou 320 litres; son poids net est de 350 kilogrammes.

Un gemmier ramasse, en moyenne, trois quarts de barrique en une journée. Si la pinière est accidentée et encombrée d'arbustes épineux, la cueillette d'une journée ne sera que d'une demi-barrique, tandis qu'il récoltera une barrique entière dans une forêt plane et nette.

Il faut de 1000 à 1200 crots (réservoirs dans la terre) pour emplir une barrique de résine.

La quantité de gemme produite par un nombre déterminé de Pins dépend de beaucoup de choses. Ainsi, elle augmente avec l'intensité de la température, le nombre d'entailles par individu, la dimension de ces entailles, la fréquence des incisions; elle est encore variable suivant la nature du sol, son exposition, ses abris, la vigueur et l'âge des Pins, la hauteur des carres et leur exposition. L'entaille nord donne moins que l'entaille sud; les vents du nord sont nuisibles à la sécrétion, tandis que ceux du sud la favorisent. Les pluies douces, qui, de temps à autre, viennent ranimer la végétation du Pin fatigué par la sécheresse, sont également favorables à la production de la gemme. Les Pins voisins de la mer produisent plus de gemme que ceux qui en sont plus éloignés.

La résine, recueillie dans des barriques, est conduite aux usines où l'on distille l'essence de térébenthine.

Le résineur estime beaucoup cette facilité et cette promptitude dans la réalisation des produits; il peut, au bout de vingt jours, réaliser en argent la résine qui est le fruit de sa main-d'œuvre, et l'intérêt du capital représenté par la pinière.

Outre la résine des crots, il en est une autre que nous avons mentionnée et désignée sous le nom de *barras:* c'est celle qui se concrète sur la carre et qui résulte de la partie la plus solide de la gemme. Elle est plus blanche, plus solide et plus propre que la résine des réservoirs, mais elle est moins riche en essence. On ne la recueille qu'une fois l'an, au mois de novembre, quand la sécrétion résineuse a cessé par l'abaissement de la température. On ne la mêle pas à l'autre résine; on la vend séparément aux usines, qui la distillent, ou aux fabriques de chandelles, qui la mélangent au suif.

Pour la ramasser, on la fait tomber en plaques stalactiformes sur un drap tendu au pied de l'arbre; on la détache avec la pelle dans la partie basse de la carre, avec la barrasquite dans la moyenne, et avec la pousse dans la supérieure. On en fait souvent deux qualités : la première; composée des plus gros morceaux, qui est la plus estimée, et la seconde, qui comprend les fragments et les raclures les plus menues.

Entrons maintenant dans quelques détails économiques sur les produits résineux.

SECTION VIII.

DU RENDEMENT EN RÉSINE.

M. Bartro nous dit, dans une notice, que dans le Maransin (partie occidentale de l'arrondissement de Dax), trois mille Pins rendent annuellement douze barriques de gemme et 1800 kilogrammes de barras.

Il faut ajouter que ces trois mille Pins sont divisés en cinq coupes, dont trois sont résinées tous les ans et deux se reposent.

Douze cents Pins, ayant la plupart deux carres et munis de réservoirs formés de trois planchettes, ont rendu, chez M. Hugues, en une année :

Six barriques de gemme, à 55 fr. l'une. . . .	330 fr.	00 c.
Deux barriques de gemme, à 55 fr. l'une. . .	100	00
Six barriques de barras (pesant 1,650 kilogr.), à 36 fr. 05 c. l'une.	216	30
Total.	646 fr.	30 c.

Dix-sept cents Pins, de différents âges et la plupart à une seule carre, rendent, aux environs de Bayonne :

1° Douze barriques de gemme, pesant. . . .	4,200 kilogr.
2° Quinze quintaux de barras, pesant.	1,500
Total des produits résineux	5,700 kilogr.

On dit, dans un article de la *Sentinelle des Pyrénées*

(numéro du mardi 29 septembre 1846), que deux mille Pins rendent annuellement :

1° En gemme	10 barriques.
2° En barras	10 quintaux métriques.

Au reste, le rendement des Pins en résine dépend de tant de circonstances, qu'il n'est pas étonnant qu'il soit exprimé par des chiffres si différents.

Un hectare de terre contient de cent soixante à deux cents Pins qui rendront :

1° En gemme, une barrique à une barrique et demie.
2° En barras, 160 à 200 kilogrammes.

Le prix de la gemme est très variable ; depuis quelques années, il varie de 50 à 65 fr. la barrique de 320 litres.

Le prix du barras oscille entre 34 et 38 francs la barrique pesant net 275 kilogrammes.

Frais. — Les frais du résinage sont, aux environs de Bayonne, de 20 fr. par barrique de gemme. Le résineur partage par moitié le barras avec le propriétaire.

Admettant qu'un hectare de Pins contienne deux cents Pins rendant annuellement une barrique et demie de gemme du prix moyen de 55 francs, et 200 kilogrammes de barras à 14 francs le quintal métrique, le produit brut de 1 hectare en plein rapport serait :

1° Gemme, une barrique et demie	82 fr.	50 c.
2° Barras	28	00
Total	110	50
Les frais seraient	44	»
Le produit net serait	66 fr.	50 c.

Ce produit net doit être considéré comme maximum; il est certains hectares de Pins en exploitation qui rendent à peine 36 francs au propriétaire.

Fermage. — Il est des communes et des propriétaires qui afferment leurs pinières; les gemmiers qui les entreprennent paient de 15 à 25 centimes par arbre.

La commune de Cap-Breton a affermé des Pins, cette année (1847), à raison de 23 centimes par arbre.

L'hectare qui porterait deux cents Pins rapporterait, dans ce cas, 46 francs par an.

Les pinières sont les propriétés les plus recherchées, à cause de la sûreté des produits et du haut revenu que l'on en retire : elles rapportent facilement 5 pour 100 du capital d'acquisition; car un hectare de Pins en plein rapport, et pouvant donner par le fermage ou le résinage direct 40 à 50 francs par an, ne se vend que 800 à 1000 francs aux environs de Bayonne.

Un gemmier entreprend de 1500 à 2000 Pins, qui, pour les incisions et les amasses, lui prennent tantôt quatre jours et tantôt cinq jours par semaine, et qui lui rapportent par an de 300 à 400 francs. Notons qu'il ne travaille ces Pins que pendant huit à neuf mois.

SECTION IX.

DE LA PROFESSION DU RÉSINEUR.

Elle doit être apprise de jeunesse. L'homme adulte qui voudrait se faire gemmier aurait beaucoup de peine à prendre l'habitude de l'échelle et de l'abchotte; jamais il n'acquerrait la dextérité des résineurs formés dès l'enfance. Au reste, peu de métiers sont plus pénibles et plus sales.

Le gemmier est toujours nu-pieds dans les pinières, trottant au milieu des ronces et des ajoncs, chargé de son échelle et de son abchotte, ou bien portant sa pelle et son escouarte remplie de gemme. La matière résineuse lui salit les pieds, les mains, la figure et les habits, auxquels elle est fortement adhérente ; elle se durcit à l'air sur la peau et les vêtements, et ne se détache qu'avec beaucoup de difficultés, n'étant soluble ni dans l'eau froide, ni dans l'eau chaude : aussi faut-il être né résineur pour pouvoir endurer les fatigues et les incommodités de cette profession, qui n'est jamais plus active qu'à l'époque des plus fortes chaleurs, alors qu'on a peine à respirer l'air chaud et stagnant des forêts résineuses.

La gemme, réunie dans des barriques, est transportée à des usines dites ateliers, qui en extraient la térébenthine et d'autres produits résineux, d'après les procédés que nous allons exposer.

CHAPITRE V.

DISTILLATION DE LA RÉSINE.

Pour rendre plus claire et plus intelligible la transformation que la gemme subit par la distillation, nous rappellerons sommairement les propriétés physiques et chimiques de la matière résineuse non transformée.

Le produit fluide, visqueux, qui découle des incisions pratiquées sur le Pin maritime, est un mélange d'huile essentielle de térébenthine et d'une résine qui provient sans doute de l'oxydation d'une portion de cette huile. La science présume qu'il n'y a que de l'huile de térébenthine dans le tissu ligneux, que ce n'est que par le contact de l'air que ce produit immédiat se trouve modifié. On donne à ce dernier produit le nom de *résine-térébenthine*.

La résine-térébenthine pure est d'un blanc jaunâtre, molle, diaphane; elle a une odeur forte, une saveur âcre et amère; elle est très inflammable, elle produit beaucoup de fumée par la combustion; elle est peu soluble dans l'eau, mais soluble dans l'alcool, l'éther et les huiles essentielles; par la distillation, elle donne l'essence de térébenthine et le brai sec.

Cette essence est liquide, éminemment volatile, incolore; son odeur est forte, sa saveur est âcre; sa densité est de 0,86; elle bout à 156° centigrades. L'eau n'en dissout pas 1/100. Sa solubilité dans l'alcool est sans limites. La solution alcoolique de cette essence précipite par l'eau; à l'action de l'air, elle se solidifie, se transforme en résine, et dégage de l'acide carbonique.

Elle est composée de carbone et d'hydrogène; sa formule est C^5H^4.

Nous allons maintenant décrire le procédé de distillation usité dans les usines à térébenthine.

CHAPITRE VI.

FABRICATION DE LA TÉRÉBENTHINE.

Les ateliers (nom de ces usines) sont loin d'avoir l'apparence grandiose des usines du Nord. Quelques légers bâtiments à tout vent, construits en bois et couverts de tuiles creuses, deux fourneaux qui chauffent, deux ou trois chaudières de cuivre, une grande cornue de fonte, un serpentin baigné dans un condensateur, une pompe et une auge ou deux pour filtrer et recueillir la résine, composent le matériel principal de ces modestes usines. Des barriques la gemme est versée dans une chaudière chauffée à une assez basse température. Cette opération a pour but de liquéfier la matière. Quand elle a été remuée plusieurs fois et qu'elle est bien liquide, on l'abandonne quelque temps à elle-même; alors les corps lourds qui la salissaient, tels que le sable, les fragments de pierres, tombent au fond de la chaudière, tandis que les plus légers se rassemblent à la surface. Cette première opération est ce qu'on appelle la *liquéfaction*.

Filtration. — La matière liquéfiée est filtrée sur de la paille de seigle, qui la débarrasse de tous les corps étrangers qui ont un certain volume; les résidus de la filtration sont principalement les copeaux et les éclats de bois provenant des incisions, et les feuilles sèches de Pin que le vent a apportées dans la gemme.

Distillation. — La matière filtrée se réunit dans une

auge de bois mobile sur des roulettes. Pour l'introduire dans l'alambic, on ôte le chapiteau, on roule l'auge au-dessus de la chaudière, et l'on ouvre une bonde située à la paroi inférieure de l'auge, d'où la matière tombe dans la chaudière. On remet à sa place le chapiteau, dont l'extrémité supérieure tourne autour du serpentin et dont l'extrémité inférieure s'adapte, à l'aide d'une rainure, sur le couvercle de la chaudière. On chauffe à une haute température, et, pour faciliter la volatilisation de l'essence, on ajoute de temps en temps un peu d'eau dans la matière en ébullition, à l'aide d'un entonnoir à robinet fixé sur le chapiteau de l'alambic.

Les vapeurs d'essence et d'eau se condensent dans un serpentin dont les nombreux anneaux plongent dans un réservoir d'eau froide constamment renouvelée.

L'essence et l'eau condensée coulent et se rassemblent, sans mélange, dans un récipient où l'essence, par sa légèreté spécifique, surnage au-dessus de l'eau. Une ouverture latérale donne un libre cours à un petit filet d'essence, tandis que l'on fait écouler l'eau de temps en temps par une bonde percée dans la partie inférieure du récipient.

Rendement en essence. — Le rendement en essence d'une barrique de gemme varie suivant la saison, la pureté de la matière et les procédés de la fabrication.

La gemme de première amasse, c'est-à-dire celle qui se recueille au commencement du printemps, est celle qui est la plus riche en essence. A mesure que la température atmosphérique augmente, la gemme est de moins en moins généreuse, à cause des pertes qu'elle éprouve par l'évaporation spontanée; il est clair que plus elle contient de corps étrangers, moins elle fournit d'essence pour un volume déterminé. Il est aussi reconnu que la gemme des vieux Pins est plus généreuse que celle des jeunes sujets.

Les procédés de fabrication ont une grande influence sur ce rendement. Il y a cinquante ans, les fabricants d'essence ne retiraient que 30 à 35 kilogrammes d'essence par barrique; des perfectionnements et des modifications apportés depuis dans les appareils et les procédés distillatoires, ont presque doublé ce rendement.

Le résidu de la distillation est un liquide noirâtre qui se solidifie à l'air, devient vitreux, cassant et plus ou moins transparent : on le nomme *brai sec*, ou *colophane*.

Une barrique de gemme pesant net 350 kilogrammes rend :

1° En térébenthine (essence). . . . . 55 à 65 kilogrammes.
2° En brai sec. . . . . 200 à 220 kilogrammes.

Il a été écrit, dans la *Sentinelle des Pyrénées*, qu'une barrique de gemme extraite par le système Hugues a donné :

1° Essence . . . . 73 kilogrammes.
2° Brai sec, ou colophane . . 245 kilogrammes.

Malheureusement la routine plutôt que la science préside à cette fabrication, qui, pour être bien faite et bien comprise, exige quelques notions de physique et de chimie.

Clarification. — L'essence extraite est abandonnée à elle-même dans de grands vases de terre vernissés et fixés à fleur de terre dans le sable. Par un repos de vingt-quatre heures, cette huile dépose et se clarifie; elle est ensuite livrée au commerce dans de doubles fûts, si elle doit voyager longtemps. L'eau qui entoure le fût intérieur empêche l'essence de diminuer de volume par l'évaporation.

Le brai sec est livré au commerce en barriques, ou bien on le manipule, à sa sortie de la chaudière, pour le façonner en pains de résine destinés à la fabrication des chandelles de résine et des vernis.

Prix de l'essence. — Quand la barrique de gemme vaut, en moyenne, 55 francs, l'essence se vend environ 1 franc le kilogramme, et le prix du brai sec varie entre 3 francs 50 centimes et 7 francs 50 centimes les 50 kilogrammes; sa valeur dépend surtout de sa pureté et de sa transparence.

Fabrication des pains de résine. — Si l'on veut transformer le brai sec en résine du commerce, on procède de la manière suivante :

A sa sortie de l'alambic, il est filtré sur de la paille de seigle ou sur un tamis en fils métalliques, d'où il tombe et se réunit dans une grande auge de bois; on le laisse refroidir quelques minutes, puis on y mélange de l'eau bouillante, à la dose de 10 à 12 litres pour 280 kilogrammes de brai sec. L'eau bouillante, en contact avec un liquide dont la température est supérieure à 100 degrés, produit dans la masse une ébullition qui fait enfler la matière constituée alors de petites bulles semblables à de la mousse de café : cette effervescence dure environ une demi-heure. Deux hommes la raniment à quatre ou cinq reprises, en brassant la matière une ou deux minutes, chacun avec un bâton. Par suite du refroidissement et de l'évaporation de l'eau, l'ébullition s'opère peu à peu, la matière retourne à son volume primitif et devient pâteuse, jaune et opaque. Par cette manipulation, le brai sec a perdu sa transparence et est passé de la couleur noire à la couleur jaune.

L'analyse chimique comparative du brai sec et du brai ainsi manipulé apprendrait s'il n'est survenu dans la matière qu'un changement moléculaire, ou bien si le brai sec, à cette haute température, n'a pas réagi sur les éléments de l'eau ou de l'air.

La matière, encore chaude et liquide, est coulée dans des moules de sable, où elle se solidifie et se façonne en pains tels qu'on les livre au commerce.

Ces pains pèsent de 50 à 75 kilogrammes; ils sont d'autant plus estimés qu'ils contiennent moins de matières étrangères.

On ne fait cette résine qu'avec le brai de première qualité, c'est-à-dire avec le résidu de la gemme la plus pure. Le brai le moins pur se vend au commerce, sans transformation, pour l'usage de la marine.

Revenons sur les procédés de fabrication des produits résineux; signalons-en les vices principaux et les améliorations qu'il serait utile d'y apporter.

Vices de la fabrication actuelle. — La liquéfaction à

feu nu, dans une chaudière ouverte et sans l'emploi du thermomètre, offre les inconvénients suivants :

Pour peu que la température dépasse le point convenable de liquéfaction, il y a perte dans l'air d'une certaine partie d'essence. En employant la vapeur à pression et à température constantes, on éviterait cette perte par volatilisation.

Si la chaudière était couverte, la liquéfaction se ferait mieux et plus vite ; il n'y aurait pas de refroidissement à la surface, et l'atmosphère, saturée d'essence qui couvrirait la gemme, empêcherait cette dernière de faire de nouvelles pertes par volatilisation. Un agitateur mécanique devrait constamment mélanger la matière pour favoriser la liquéfaction et empêcher que la gemme en contact avec la paroi chaude de la chaudière ne se volatilisât, tandis que la gemme supérieure n'est pas encore liquéfiée.

Il devrait toujours y avoir un thermomètre dans la matière résineuse, pour indiquer à l'ouvrier si la température est inférieure ou supérieure au point convenable de liquéfaction. Dans le procédé ordinaire de liquéfaction, on aperçoit, à la surface du bain résineux, les vapeurs d'essence qui se perdent dans l'air.

Les conduites de résine liquide ne devraient pas être des gouttières exposées à l'air, mais des tuyaux fermés, chauffés par des courants d'air chaud ou de vapeur, afin d'empêcher la matière de se solidifier et d'obstruer ces conduites.

L'introduction de la matière liquéfiée dans l'alambic

par le déplacement du chapiteau offre le grave inconvénient de faire perdre une grande quantité d'essence. La gemme, mise en contact avec le fond brûlant de la chaudière, forme en un instant un épais nuage de vapeurs d'essence qui s'échappent de la chaudière pendant que celle-ci achève de se remplir. Si la matière arrivait dans la chaudière par une conduite fermée et munie d'un robinet ou d'une clef, on éviterait cette perte, qui est souvent considérable.

La distillation à feu nu doit nuire au rendement en essence et à la beauté du brai sec. Quand le feu devient trop ardent, il peut y avoir décomposition de l'essence et coloration plus forte du résidu. La colophane la moins colorée est celle qui a le plus de valeur dans le commerce; or il est impossible qu'elle ne soit pas noire, si le feu devient si vif qu'il calcine une partie de la matière. Je suis fondé à croire que la distillation par la vapeur, qui chaufferait toujours à la même température, donnerait plus d'essence et un brai moins coloré et plus transparent. Notons que cette substitution dans la cuisson des sucres a fait obtenir ces deux résultats, c'est-à-dire un plus grand rendement et moins de coloration dans les produits.

Les résidus de filtration, composés principalement de copeaux et d'éclats d'écorce imprégnés de gemme, sont déposés dans un four cylindrique percé de deux ouvertures, une petite dans le bas, et une grande dans la partie supérieure. On met le feu à ces résidus : la fumée s'échappe par l'ouverture supérieure; la matière résineuse se liquéfie par la chaleur, tombe au centre de l'âtre concave et cannelé du four, passe par l'ouverture inférieure et va se solidifier dans un réservoir extérieur. Ce produit est ce que l'on appelle *poix noire*, *peq*, ou *brai gras*. On le vend en nature au commerce, ou bien on le distille pour en retirer l'essence.

Ainsi les ateliers retirent de la gemme et du barras : 1° l'essence de térébenthine ; 2° le brai sec, ou colophane ; 3° les pains de résine ; 4° la poix noire, quatre produits dont les usages sont nombreux et variés dans les arts.

Le brai sec, mélangé avec le brai gras, est employé par la marine pour le goudronnage et le calfatage des navires.

L'industrie du résineur laisse encore beaucoup à désirer dans les procédés de résinage et de fabrication. L'instruction scientifique hâterait singulièrement ses progrès ; car il est évident que les meilleurs procédés de résinage et de fabrication reposent exclusivement sur les propriétés physiques et chimiques des matières résineuses.

Après les matières résineuses, qui forment le revenu le plus important des pignadas, viennent les bois d'œuvre et de chauffage, le charbon de bois, le goudron et le noir de fumée. Nous ne traiterons ici que ces deux dernières fabrications, reportant au chapitre de la Sologne la carbonisation, qui du reste se fait en Gascogne par les mêmes procédés que ceux qui seront ultérieurement exposés.

CHAPITRE VII.

FABRICATION DU GOUDRON ET DU BRAI GRAS.

La fabrication de ces matières forme une industrie spéciale qui, jusqu'à présent, est restée confinée dans le département des Landes. En 1852, on fabriquait du goudron dans vingt-sept établissements, dont onze pour l'arrondissement de Mont-de-Marsan, onze pour celui de Dax, et cinq pour les autres parties du département.

D'après la statistique officielle, cette industrie consomme pour une valeur de 163 562 francs de matières premières, qui fournissent au commerce des produits fabriqués pour une somme de 249 170 francs.

On réserve pour cette fabrication les vieilles souches de Pin maritime, et les parties du tronc garnies des anciennes carres et fortement imprégnées de substances résineuses. On y ajoute souvent des cônes vieux et nouveaux, les copeaux qui jonchent le sol au pied des Pins résinés, les pailles qui ont servi à la filtration de la gemme; en un mot, toute espèce de débris résultant du façonnage des bois ou des manipulations des matières résineuses. Les souches et les parties de troncs sont préalablement fendues en petites bûches, que l'on laisse sécher. On construit une grande aire circulaire pavée de briques carrées mises à plat, bien jointes et adhérentes, le tout inclinant vers le centre, pour que la liqueur puisse s'y rendre en glissant. A ce centre, il y a une ouverture circulaire qui donne dans un vaste récipient en forme de chambre, placé au-dessous, et dont l'accès est extérieur. C'est le four à la suédoise, dont nous sommes redevables à Colbert.

On élève, au centre de ce four, un piquet auquel on adosse debout, tout autour, des bûches, sur une surface circulaire d'un rayon de 3 ou 4 mètres. Autour de ce premier cercle on adosse de nouvelles bûches, qui ne sont plus dressées, mais couchées côte à côte. Puis avec des gazons épais et taillés à 2 ou 3 mètres de longueur, en forme de planches, on établit une ceinture sur la circonférence du monceau, en laissant le bois à découvert au-dessus, à la hauteur d'environ 30 centimètres; on recouvre ensuite la partie supérieure du monceau avec de la paille et de la terre compacte : il semble alors affublé d'une calotte qui doit réverbérer la chaleur et s'opposer à l'inflammation du produit. On allume le monceau par le bas, dans toute sa circonférence; on a soin de réparer exactement les crevasses qui peuvent se faire à la couverture. La chaleur liquéfie le goudron; il dégoutte et glisse vers le centre du four, en suivant l'inclinaison de son âtre. Là, à ce centre, on le laisse se cuire pendant quatre jours, au bout desquels on débouche l'ouverture du fond qui conduit au récipient, dans lequel il s'écoule, et on le met en barriques. Ce goudron, dépouillé de l'eau acide qui s'y trouve mélangée, est employé à l'état bouillant pour imprégner les cordages et les bois qui sont exposés à l'action de l'eau ou de l'air humide.

Concentré et soumis à une ébullition prolongée, qui le débarrasse d'une certaine huile essentielle, il prend de la consistance, et forme ce que l'on appelle le *brai gras*, substance très précieuse pour le calfatage des navires.

Le brai gras s'obtient encore en manipulant du brai sec ou du galipot avec du goudron tel qu'on le recueille à sa sortie du récipient.

Le goudron français est moins estimé que celui qui nous vient du nord de l'Europe. Il est noir, et n'offre jamais la nuance chocolat que les corderies maritimes estiment beaucoup dans les goudrons étrangers.

CHAPITRE VIII.

DU NOIR DE FUMÉE.

Le noir de fumée employé dans la peinture est la suie produite par la combustion imparfaite des matières résineuses ou de quelques autres résidus de fabrication.

Quand on veut fabriquer ce produit avec la résine du Pin maritime, on construit une cheminée ordinaire, dont le tuyau aboutit dans une chambre voisine. Cette chambre a une ouverture destinée à établir un courant d'air pour attirer la fumée dans ce réservoir, et vider en dehors les gaz résultant de la combustion; des toiles pendantes sont étendues dans cette chambre. On brûle avec précaution, au foyer de la cheminée, les parties de bois les plus résineuses et celles qui sont ramassées sur le sol et salies. La fumée qui s'en élève se rend dans la chambre, s'y répand, et dépose là suie ou le noir de fumée sur les toiles et les parois. Ce produit est mis dans des barriques pour être livré au commerce.

Cette matière, qu'on demandait autrefois aux forêts résineuses, n'a plus d'importance depuis qu'on peut la remplacer par d'autres noirs, qui ont à peu près les mêmes propriétés, et qui ont l'avantage de coûter moins cher. En 1852, le département des Landes ne possédait plus aucun établissement de ce genre.

CHAPITRE IX.

INCENDIES DES FORÊTS RÉSINEUSES.

Les incendies des forêts résineuses sont si fréquents et si désastreux, que nous croyons utile de rapporter textuellement ce qu'en dit M. Bartro, dans une notice sur le Pin maritime, insérée dans l'*Adour*, journal de Bayonne.

Ce digne auteur s'exprime ainsi :

« Les forêts à résine sont extrêmement combustibles.
» Leur sol est jonché de fougères, de genêts, de feuilles
» sèches; il est couvert de troncs d'arbres qui distillent
» la résine, dont les gouttes sont semées partout : une

» seule étincelle, la bourre d'un fusil, peut incendier le » pays.

» Lorsque ce malheur arrive, le tocsin sonne dans les » communes voisines, les populations s'arment de ha- » ches et de pelles; elles marchent sous la conduite des » maires, qui dirigent les travaux et composent une » garde qui doit travailler elle-même et empêcher la » désertion des autres travailleurs.

» Ils observent la direction du vent sous lequel court » l'incendie, et règlent leur marche sur cette observa- » tion. A l'aide de cette combinaison, l'incendie se trouve » cerné par les populations qui marchent pour l'éteindre, » et, à moins d'un vent très violent qui lance les flam- » mèches très en arrière des travailleurs, auquel cas ils » sont très exposés à être cernés eux-mêmes par l'in- » cendie, on le domine assez aisément. Voici comment :

» Les travailleurs se munissent de suite de branches » vertes et rameuses; ils prennent, à distance relative, » un alignement de front contre l'incendie; ils allument » devant eux les fougères et autres combustibles qu'ils » éteignent au fur et à mesure qu'ils avancent contre » l'incendie, en les frappant avec leurs branches vertes » et les couvrant de terre avec leurs pelles : c'est ce qu'on » appelle faire un *contre-feu*. Lorsque l'incendie arrive, » il ne trouve plus d'aliment, il est forcé de s'éteindre : » c'est l'unique moyen dont on se sert pour arrêter les » incendies des forêts à résine. »

C'est le cas de dire, comme certains médecins, que le feu s'éteint par le feu.

Les incendies des forêts seraient moins communs si la police n'y était pas si négligée, si les pâtres, les bergères, les gemmiers et les bûcherons ne prenaient plaisir à allumer du feu au sein des pignadas (forêts de pins) pour les motifs les plus futiles. Cette braise, qu'ils entretiennent continuellement, leur donne du feu pour fumer, pour rôtir la méture (maïs panifié), pour griller leur morue et leurs sardines, préparations culinaires qui auraient dû être faites avant le départ de la maison. Ces foyers en plein air continuent de brûler sur un sol couvert de matières combustibles, tandis que les ouvriers vaquent à leurs travaux. Est-il étonnant, dès lors, qu'il survienne tant d'incendies?

Les compagnies d'assurance se décident difficilement à assurer les pignadas; d'ailleurs elles ne peuvent le faire qu'en exigeant une prime élevée que n'acceptent pas la plupart des propriétaires.

Le cultivateur prévoyant, qui veut mettre ses forêts à l'abri d'un incendie général, a la sage précaution d'entrecouper ses massifs par des clairières cultivées et assez larges pour former une barrière infranchissable au fléau destructeur. Ce préservatif, qui coûte moins que les primes d'assurance, devrait toujours être employé par le cultivateur prudent qui ne veut pas s'exposer à perdre en un moment la propriété qui fait toute sa fortune.

L'incendie cause plus de dommages dans les jeunes pinières que dans celles qui sont arrivées à la décadence; car les vieux troncs ne sont pas consumés par le feu et n'ont rien perdu de leur aptitude à former des bois de charpente, emploi qui indemnise le propriétaire ; il n'en est pas de même des jeunes pinières, que le feu détruit sans compensation.

CHAPITRE X.

DES VÉGÉTAUX ASSOCIÉS AU PIN MARITIME.

Le Pin maritime est l'essence essentiellement dominante des forêts du département des Landes. Il occupe à lui seul des surfaces immenses ; on le trouve cependant, çà et là, associé au Chêne-liége, dont l'écorce est très recherchée pour la fabrication des bouchons. Le Chêne-liége, en plein rapport, est plus avantageux que le Pin maritime le plus généreux en résine. Il n'exige presque aucune main-d'œuvre, et rapporte annuellement environ 1 franc par le produit de son écorce, tandis que le Pin maritime exige 25 centimes de frais pour un produit maximum de 50 centimes de résine. Les corseries ne tarderaient pas à remplacer les pignadas, si le Chêne-liége, grâce à une végétation excessivement lente, ne faisait attendre ses premiers produits pendant de très longues années.

A ces deux arbres ajoutons le Chêne pédonculé, qui existe principalement à l'état isolé aux abords des métairies, et nous aurons nommé toutes les essences forestières qu'on rencontre le plus communément dans cette partie de la Gascogne.

Les forêts et les landes offrent en outre certaines plantes naturelles, arbustives ou herbacées, dont les cultivateurs ont su tirer un parti avantageux.

Je résume dans le tableau suivant les usages principaux que le Landais, avec l'intelligence et l'industrie qui le caractérisent, a su assigner aux végétaux qui croissent naturellement sur les terres ingrates de ce pays.

PRINCIPAUX USAGES DES VÉGÉTAUX SPONTANÉS QUI VIENNENT DANS LES PINIÈRES DE LA GASCOGNE.

ESPÈCES.	PARTIES UTILES.	USAGES DANS LE COMMERCE ET DANS LES ARTS.
PIN MARITIME (*Pinus maritima*).	*Racine*. . .	Elle entre dans la confection des paniers des pêcheurs d'eau douce et des corbeilles de ménage.
	Écorce. . .	On en fait une solution dont les marins imprègnent leurs filets.
	Cônes . . .	On s'en sert comme combustible dans les foyers.
	Feuilles . .	On en chauffe les fours où l'on cuit le pain.
	Bois	Il sert pour : 1° La charpente, 2° Le chauffage, 3° La confection des planches, 4° Les pilotis, 5° La confection du charbon de bois, 6° La fabrication du goudron, dont la marine enduit tous ses cordages ; 7° La tige sert de support aux fils électriques.
	SUCS PROPRES. 1° *Gemme*. 2° *Barras*.	Par la distillation, on en retire : 1° L'essence de térébenthine, utilisée dans les peintures et les vernis. 2° Le brai sec, dont le plus transparent entre dans les vernis. 3° Le brai gras, qui, mélangé au brai sec, sert à goudronner et à calfater les embarcations et les navires. 4° Les pains de résine, qui ne sont que du brai sec manipulé avec de l'eau bouillante, et qui servent à la fabrication des chandelles de résine. 5° Le barras non distillé, qui entre dans la confection des chandelles de suif.
CHÊNE-LIÉGE (*Quercus suber*).	*Écorce*. . .	C'est le liége, dont on fait des bouchons, des semelles, dont on garnit les filets.
	Bois	Il sert pour le chauffage.
	Fruits. . .	Les glands sont mangés par les porcs.
CHÊNE PÉDONCULÉ (*Quercus pedunculata*).	*Écorce*. . .	Elle sert pour la tannerie.
	Bois	On l'utilise pour les constructions maritimes et le chauffage.
	Fruits . . .	Ses glands sont estimés pour les porcs.
Arbutus unedo . .		On fait avec le fruit une boisson acidulée ; son bois sert au chauffage.
Erica scoparia . .		On en fait des clôtures pour les vignes et les jardins.
Erica cinerea. . .		Elle remplace la paille dans la fabrication des fumiers.
Pteris aquilina . .		Idem.
Ulex europæus . .		Les jeunes pousses nourrissent les bœufs pendant l'hiver.
Spartium scoparium. .		On en fait des balais.

A l'inspection de ce tableau, il est facile de se convaincre que le Pin maritime l'emporte sur tous les végétaux par l'importance et la variété de ses produits.

Arrivé à un certain âge qui varie entre 60 et 100 ans, la production de la résine diminue progressivement, et finit par donner un revenu qui ne représente plus l'intérêt du capital qui résulterait de la vente de l'arbre, si on l'exploitait comme bois de charpente ou de chauffage.

Aux environs de Bayonne, un Pin de 15 mètres de hauteur et d'un diamètre moyen de 25 à 30 centimètres, valait, sur place, 5 francs en 1846 ; si l'on en faisait des planches, on en retirait cinquante dont quinze de choix et trente-cinq ordinaires.

Les quinze de choix valaient.	7 fr. 50 c.
Les trente-cinq ordinaires.	7
Total.	14 fr. 50 c.

La façon de ces cinquante planches coûtait 7 francs.

Ainsi, voici les différentes valeurs d'un Pin de force moyenne ayant 40 à 50 ans :

Comme bois de charpente ou de chauffage, il était estimé.	5 francs.
Comme bois de sciage	7
Comme production de résine, il rapportait annuellement.	15 à 25 centimes.

De pareilles appréciations démontrent à quel âge il est économique d'abattre le Pin maritime, et de renoncer à la production de la résine pour jouir de l'exploitation définitive de cette essence considérée comme bois de service.

C'est ainsi qu'après avoir fourni des matières résineuses pendant une longue série d'années, le Pin maritime fournit encore un bois précieux par les nombreuses applications dont il est l'objet.

La plupart des maisons du département des Landes sont construites en bois de Pin maritime, dont on forme les planchers, les palissades et la charpente qui porte la toiture. Dans beaucoup de granges et d'étables à murs planchéiés, il n'entre d'autres matériaux que le Pin maritime et la tuile creuse qui sert à faire la toiture.

Ajoutons que la tuile en question est encore cuite avec les bourrées de cette essence. Comme bois de chauffage, aucune essence n'est plus communément employée que le Pin maritime dans toutes les parties sablonneuses de la Gascogne.

CHAPITRE XI.

DOCUMENTS STATISTIQUES SUR L'INDUSTRIE DES RÉSINES.

D'après la statistique officielle, il y avait en 1852 cinq départements qui produisaient et fabriquaient les matières résineuses provenant de l'exploitation du Pin maritime. Le tableau suivant résume l'importance relative de cette industrie dans chacun de ces départements.

Départements.	Valeur des matières résineuses non fabriquées.
Landes	1 543 846 fr.
Gironde	234 174
Sarthe	30 000
Lot-et-Garonne	13 000
Charente-Inférieure	12 000
Total	1 833 020 fr.

Ces matières, livrées aux usines qui distillent l'essence de térébenthine, fournissent des produits fabriqués pour un chiffre de 2 223 266 francs, réparti comme il suit :

Départements.	Essence et colophane.
Landes	1 858 612 fr.
Gironde	282 554
Sarthe	50 600
Lot-et-Garonne	17 500
Charente-Inférieure	14 000
Total	2 223 266 fr.

Les usines à distillation sont réparties de la manière suivante :

Landes	100
Gironde	9
Sarthe	1
Lot-et-Garonne	1
Charente-Inférieure	1
Total	112

Depuis la publication de la statistique, on a établi

une de ces usines dans la partie du département du Loiret qui dépend de la Sologne, à Alosse. On vient aussi d'organiser à Corte (Corse) une usine destinée à distiller la gemme des magnifiques Pins maritimes qui peuplent plusieurs forêts importantes de ce département.

Ainsi, il y a en France sept départements où le Pin maritime est exploité pour la production de l'essence de térébenthine et de la colophane.

Parmi ces départements, il n'y a que celui des Landes qui produise en même temps du goudron et du brai gras épuré. On y trouve vingt-sept établissements consacrés à la fabrication de ces matières, dont la valeur totale s'élève en moyenne à 249 170 francs.

Résumons la valeur totale des matières fabriquées avec le suc du Pin maritime :

Essence et colophane	2 223 266 fr.
Goudron et brai gras épuré	249 170
Total.	2 472 436 fr.

Ainsi la France produit annuellement, en nombre rond, pour 2 millions et demi de matières résineuses et goudronneuses.

Soit que ce chiffre soit insuffisant pour les besoins de la consommation, soit que les mêmes matières fabriquées à l'étranger soient plus recherchées pour certaines industries spéciales, tous les ans la Suède et la Russie nous envoient du goudron et du brai gras pour une somme assez importante. Voici les chiffres de ces importations pendant l'année 1849 :

	QUANTITÉS. Quintaux métriques.	VALEUR.
Russie	16 824	168 239 fr.
Suède et Norwége . . .	9 189	91 894
Total	26 013	260 133 fr.

Autrefois le Danemark nous en envoyait aussi une certaine quantité.

L'industrie des résines est une source de bien-être et d'aisance pour la population ouvrière du département des Landes, à laquelle elle fournit un travail abondant qui ne souffre d'interruption que pendant deux ou trois mois d'hiver.

Relativement à l'importance des matières fabriquées, l'industrie des résines occupe le troisième rang parmi les industries diverses, qui créent pour ce département une valeur annuelle de 17 464 720 francs.

Le premier rang revient aux moulins à céréales, qui fabriquent de la farine pour 9 422 267 francs; puis viennent les fers, qui représentent une valeur de 3 086 133 francs.

Quoique ces deux industries représentent les chiffres les plus élevés, il serait inexact d'en conclure qu'elles fournissent la plus grande somme de travail.

En effet, un meunier, par exemple, fabriquera pour 2 ou 300 francs de farine, en n'exigeant que 2 ou 3 fr. pour son salaire; tandis que pour obtenir du Pin maritime de la résine pour 12 francs, il a fallu donner de 4 à 6 francs au résineur.

Deux millions et demi de matières résineuses représentent au moins un million de main-d'œuvre.

Ainsi l'industrie des résines, qui se trouve la troisième de toutes les industries des Landes classées d'après la valeur du capital qu'elles représentent, mérite certainement la première place pour la somme de travail qu'elle fournit à la population ouvrière d'une manière régulière pendant neuf mois de l'année.

QUATRIÈME PARTIE.

CULTURE ET EXPLOITATION DU PIN MARITIME EN SOLOGNE.

CHAPITRE PREMIER.

DES TERRES AFFECTÉES AU PIN MARITIME.

SECTION I.

ÉTUDE GÉOLOGIQUE ET CHIMIQUE DU SOL.

Les sables de la Gascogne présentent, en général, une uniformité qui dispense de faire grande attention au choix des terres pour les semis de Pin maritime; il en est tout autrement en Sologne, où cette essence est fréquemment exposée à rencontrer des couches compactes d'argile qui l'arrêtent dans son développement. Dans ce pays, la nature du sol est extrêmement variable, et l'on donnerait aux Pins des surfaces qui ne leur conviendraient pas, si avant de faire des semis, on ne se livrait à l'examen scrupuleux des couches géologiques qui viennent affleurer à la surface.

La Sologne, dont l'étendue est d'environ 440 000 hectares, forme une petite circonscription géologique des plus naturelles. Les couches les plus superficielles ont été désignées par les géologues sous le nom générique de *sables et argiles de la Sologne*, formation qu'on rapporte à l'assise supérieure de l'étage moyen des terrains tertiaires.

Remarquons, en passant, que les pinières de l'intérieur du département des Landes occupent des sables qui appartiennent également aux terrains tertiaires.

On peut se représenter la Sologne comme un vaste bassin de nature calcaire qui s'est rempli de couches alternatives de sable et d'argile. Ce bassin, dont les parois sont à jour sur un grand nombre de points situés à la circonférence de la Sologne, offrent naturellement différentes profondeurs, suivant les localités où l'on a opéré des sondages.

A Souvigny (Loiret), deux trous de sonde distants entre eux de 420 mètres, ont fait connaître les diverses couches qu'il faut traverser pour arriver aux formations calcaires. Voici la liste et l'épaisseur des couches traversées :

SONDAGE NUMÉRO 1.

Nature des terrains.	Épaisseur.	Nature des terrains.	Épaisseur.
	m.		m.
Sable blanc quartzeux . .	0,90	Argile sableuse.	3,20
Sable blanc veiné.	0,45	Sable vert	4,30
Argile sableuse.	0,70	Argile jaunâtre.	1,15
Sable fin un peu argileux.	2,00	Gros sable blanc	2,50
Gros sable quartzeux. . .	2,50	Argile jaunâtre.	2,40
Sable gris argileux	2,30	Argile d'un vert foncé . .	1,50
Argile blanche	1,40	Marne noire	0,20
Argile jaunâtre.	1,25	Silex (partie vide)	0,84
Sable jaunâtre	1,80	Calcaire siliceux	0,16
Sable argileux	2,45	Marne	4,52
Sable quartzeux	4,00	Roche siliceuse.	0,29
Sable argileux	0,70	Marne calcaire	8,03
Argile grise (assez pure) .	9 20	Roche calcaire	0,18
Sable quartzeux	7,40	Marne (partie connue) . .	2,46
Sable jaunâtre argileux. .	0,60		67,85
Argile jaunâtre.	3,47		

SONDAGE NUMÉRO 2.

Nature des terrains.	Épaisseur. m.	Nature des terrains.	Épaisseur. m.
Sable blanc veiné.	2,31	Argile verte sableuse. . .	0,39
Sable quartzeux très gros.	2,00	Argile	0,90
Argile jaunâtre.	1,14	Sable vert argileux	0,65
Sable argileux	6,95	Argile jaunâtre.	2,75
Argile veinée.	2,75	Sable blanc assez fin. . .	2,61
Sable jaune.	0,45	Sable argileux très dur. .	0,60
Sable quartzeux	1,60	Argile jaunâtre.	1,10
Sable argileux	8,90	Argile verte	0,50
Argile	0,55	Marne argileuse	3,58
Sable vert argileux. . . .	3,55	Calcaire siliceux	0,29
Argile assez pure.	2,23	Marne calcaire	3,69
Sable quartzeux.	2,10	Calcaire en roche	0,60
Argile	1,43	Marne.	1,14
Sable vert argileux. . . .	0,80	Calcaire siliceux	1,67
Argile	1,56	Marne (partie connue) . .	1,50
Sable vert	1,37		61,66

Un troisième sondage, pratiqué à Vannes (Loiret), accuse la succession des couches suivantes :

Nature des terrains.	Épaisseur. m.	
Terre végétale	0,60	
Terre argileuse.	3,40	
Argile	2,00	
Argile marbrée.	3,00	
Sables verts argileux	3,90	
Sable.	2,80	Eau abondante dans cette couche.
Sables gris argileux	1,26	
Sables maigres.	4,73	
Sables gris argileux	1,30	
Argile verte siliceuse.	2,26	
Argile verte marbrée	2,30	
Sables gris.	1,80	
Sables argileux.	1,40	
Sables	3,65	
Marne calcaire	3,53	Ces marnes sont tellement calcaires qu'on n'a pu les traverser que par percussion.
Marne argileuse	2,77	
Calcaire	1,20	
Profondeur totale du forage . . .	41,90	

Les champs de la Sologne ne sont pas formés de l'une de ces couches qui régnerait à la surface, présentant une homogénéité et une épaisseur constantes. Grâce aux accidents de terrain, et à la pente générale qui existe dans la direction de l'est à l'ouest, ces couches diverses apparaissent à la surface sous une épaisseur excessivement variable, donnant naissance à des terres formées de sable siliceux, d'argile, ou de ces deux éléments associés dans différentes proportions. Le sous-sol, qui joue le rôle de sol à l'égard des essences forestières, présente des modifications non moins importantes dans son épaisseur et dans sa nature.

Toutes les couches qui se montrent à jour ont pour caractère commun d'être très pauvres en calcaire et en substances fertilisantes.

Voici la composition chimique de quelques terres prises en Sologne et analysées par M. Becquerel :

1° ÉCHANTILLON DE TERRES A PRAIRIES RECUEILLI DANS LA VALLÉE DE COSSON.

Argile et sable dans un grand état de division.	0,7307
Sable quartzeux en grains plus ou moins gros.	0,1100
Alumine soluble dans l'acide chlorhydrique.	0,0460
Peroxyde de fer.	0,0430
Carbonate de chaux	0,0139
Matières organiques équivalant à une quantité de carbone égale à	0,0414
(Potasse renfermée dans l'argile, égale à 0,004 de son poids.)	
Perte	0,0150
	1,0000

2° ÉCHANTILLON DE TERRES A SAPINIÈRES RECUEILLI DANS LE DOMAINE DE LA BERTINERIE, PRÈS ARGENT.

Sables de toutes grosseurs	85,0
Argile renfermant 0,002 de potasse	13,5
Matières organiques et pertes	1,5
	100,0

(Aucune trace de carbonate de chaux.)

ANALYSES FAITES AU LABORATOIRE DE L'ANCIEN INSTITUT AGRONOMIQUE.

Les deux échantillons ont été pris dans le domaine de M. Goffart, propriétaire du château de Burtin, près de Nouan-le-Fuzellier (Loir-et-Cher).

PREMIER ÉCHANTILLON.

C'est une terre jaune qui a été prise dans le lit d'un ancien étang, cultivé depuis plusieurs années (trois ans).

1° L'élément pierreux y est à l'élément terreux dans le rapport de 2 à 3.

2° Calciné au rouge, il devient d'un rouge-brique très prononcé.

3° Chauffé à 120°, afin de voir quelle était la quantité d'eau non intimement combinée avec l'argile, cette eau s'est trouvée être de 7,892 pour 100.

4° Les matières organiques et l'eau combinée avec la terre représentent un poids de 3,568 pour 100 de terre.

ANALYSE GÉNÉRALE EN CENTIÈMES.

Eau partant à 120°	7,892
Matières organiques et eau combinée	3,568
Silice gélatineuse	44,706
Alumine et oxyde de fer	34,378
Chaux	1,299
Acide sulfurique	5,154
Acides carbonique, phosphorique, chlorures, potasse et soude	3,003
	100,000

DEUXIÈME ÉCHANTILLON.

C'est une terre noire qui a été prise dans la vallée du Néant (prairie basse défrichée depuis deux ans).

1° L'élément pierreux y est à l'élément terreux dans le rapport de 3 à 30.

2° Calciné au rouge, il a l'aspect de l'échantillon précédent (rouge-brique).

3° Chauffé à 120°, il a perdu 10,498 pour 100 d'eau non intimement combinée.

4° Les matières organiques et l'eau combinée représentent un poids de 13,729 pour 100 de terre.

ANALYSE GÉNÉRALE EN CENTIÈMES.

Eau partant à 120°	10,498
Matières organiques et eau combinée avec l'argile	13,729
Silice gélatineuse	33,756
Alumine et oxyde de fer	26,025
Chaux	0,961
Acide sulfurique	9,548
Acides carbonique, phosphorique, chlorures, potasse et soude	5,483
	100,000

SECTION II.

CLASSIFICATION DES TERRES.

L'analyse chimique nous donne des notions intéressantes sur les éléments terreux du sol de la Sologne, mais elle ne peut nous offrir qu'une idée très incomplète de l'agrologie générale de ce pays. En l'absence de carte détaillée, qui indiquerait pour chaque parcelle cadastrée sa nature, sa profondeur, son état d'humidité, etc., nous nous contenterons d'exposer les différentes catégories de terres, les plus importantes.

La Sologne offre : 1° des terres siliceuses sablonneuses; 2° des terres argileuses ; 3° des terres diversement mélangées de sable, d'argile et de matières organiques.

1° TERRES SILICEUSES SABLONNEUSES.

Elles sont formées de sables plus ou moins gros et plus ou moins blancs; elles sont meubles et faciles à façonner ; l'humidité en augmente peu la cohésion et ne les convertit jamais en une pâte grasse et onctueuse au toucher. Si elles reposent sur une couche argileuse imperméable et non inclinée, elles deviennent, pendant l'hiver, en quelque sorte nageantes et inaccessibles aux animaux, qui s'y enfoncent jusqu'au ventre.

Mais pour peu qu'elles aient de pente, elles s'assainissent très facilement d'elles-mêmes, et sont alors exposées à devenir trop sèches pendant les chaleurs de l'été.

Les fermiers qui en jouissent n'y font pas d'autres cultures que du seigle et du sarrasin. Les navets et le trèfle incarnat y ont encore quelque succès. On les voit souvent à l'état de terres labourables, dans les fermes où l'on n'a opéré aucun boisement depuis cinquante ans. Les anciens fermiers les préféraient pour les cultures, sans doute parce qu'elles étaient faciles à façonner, et parce que l'engrais y produisait immédiatement son effet sur le seigle et sur le sarrasin.

Les cultivateurs intelligents les repoussent au contraire comme étant d'un épuisement trop rapide, et comme ne pouvant jamais emmagasiner cette *vieille graisse*, qui seule permet les bonnes récoltes et les forts rendements.

En supposant qu'on y apporte du calcaire, elles seraient encore peu propres au froment et à l'avoine; elles seraient toujours pauvres en matières fertilisantes, et les céréales y souffriraient de la sécheresse avant d'avoir reçu la somme de chaleur nécessaire à leur maturité. Les fermiers soumettent par intervalles ces sables blancs à une jachère d'une durée indéfinie; ils se recouvrent alors d'une petite graminée blanchâtre (*Aira canescens*), de l'herbe à l'esquinancie (*Asperula cynanchica*) et de la *Jasione montana*. Après un repos qui s'est prolongé pendant plusieurs années, apparaît sur toute la surface une petite mousse verte et compacte, dont la présence indique au fermier que ces sables sont redevenus aptes à porter, sans fumure, une ou deux récoltes de seigle. Le Châtaignier, en plantation isolée, réussit dans ces sables, quand ils ont de la profondeur et de la fraîcheur; il en est de même du Chêne et du Bouleau ; mais c'est le Pin maritime qui semble être l'essence la mieux appropriée à cette nature de terre. Toutes les sapinières qui ont été faites depuis vingt-cinq ans en Sologne ont été établies sur ces terrains légers et sablonneux.

2° TERRES ARGILEUSES.

Les terres siliceuses sablonneuses m'ont paru mériter le premier rang par l'étendue qu'elles occupent en Sologne; puis viendraient, en seconde ligne, les terres argileuses. Ici nous trouvons des caractères opposés à ceux des sables. Sèches, elles se contractent, se fendent et deviennent dures et difficiles à entamer par les instruments aratoires; humides, elles sont imperméables et forment une pâte onctueuse, plastique, propre à faire des tuiles et des briques. On ne doit pas les façonner dans les temps de sécheresse ou de pluie. Pour les ameublir, il faut savoir les prendre à un certain point de fraîcheur difficile à saisir. Elles sont, sous le rapport des travaux, moins commodes que les terres sablonneuses, qui se façonnent parfaitement en toute saison et dans les conditions les plus diverses de température; elles exigent des attelages plus forts et des instruments plus parfaits. Ce sont sans doute ces considérations qui ont décidé les anciens fermiers à ne pas faire entrer ces terrains dans la classe des terres labourables. On y voit des bois de Chênes et des étangs, ou bien on les a laissées à l'état de landes destinées à être pâturées par les troupeaux.

Le Chêne blanc ou pédonculé y vient bien à l'état de taillis et de futaie; si l'argile est pure et compacte, c'est le Chêne rouvre qui mérite la préférence.

La lande argileuse présente une végétation plus forte et plus riche que celle des terres siliceuses; les petites Bruyères y sont dominées par l'*Erica scoparia*, vulgairement appelée *Brémaille*, qui s'élève à 1 mètre ou 1^m,50. On y remarque encore le petit Ajonc (*Ulex nanus*), quelques pieds de Genévrier et quelques graminées (le *Molinia cærulea*, l'*Agrostis vulgaris* et le *Danthonia decumbens*).

Ces terres argileuses, quoique très difficiles à façonner, sont plus avantageuses pour les cultures que les terres siliceuses : assainies, marnées et fortement fumées, elles ne seront ni trop sèches, ni trop humides; elles conserveront bien les engrais et pourront supporter un bon assolement.

Toutefois, si l'on a à sa disposition des terres argilo-siliceuses, elles vaudront mieux pour la culture, et dans ce cas on boisera les terres argileuses. Le Pin maritime redoute ces terres froides, compactes et imperméables. Le Chêne et le Pin sylvestre sont les essences qu'il faut adopter pour les garnir.

3° TERRES DIVERSEMENT MÉLANGÉES DE SABLE, D'ARGILE.

Dans cette classe viennent se ranger toutes les nuances intermédiaires entre l'argile et le sable. Les terres heureusement mélangées d'argile et de sable sont assez rares en Sologne; c'est une circonstance fâcheuse pour l'avenir agricole de cette province.

Si au lieu d'opérer sur des terrains trop élémentaires, qui sont du sable pur ou de l'argile pure, le cultivateur solonais avait à sa disposition des terrains ayant la consistance moyenne des terres franches, il est bien certain que ses efforts et son travail seraient plus souvent couronnés de succès.

Les terres de la Sologne présentent des modifications infinies dans leur nature, aussi bien que dans leurs rapports avec les eaux souterraines. Avant de créer des pinières, il est indispensable de s'assurer que le sol et le sous-sol seront favorables à la végétation du Pin maritime. On sait que cette essence redoute les terres argileuses, compactes, froides et humides; elle se plaît, au contraire, dans les sables profonds et suffisamment assainis.

CHAPITRE II.

DE L'ÉTENDUE COMPARATIVE DES BOIS ET DES CULTURES.

Vers l'année 1836, les bois occupaient une superficie d'environ 38 730 hectares. On comprend dans ce chiffre les bois des particuliers, des communes et de l'État. Depuis cette époque, beaucoup de terres labourables sablonneuses et improductives ont été transformées en semis de Pins maritimes, et je ne crois pas être loin de la vérité en portant à 50 000 hectares la surface totale occupée actuellement par le domaine forestier de la Sologne. Les bois comprendraient ainsi environ le huitième de la superficie totale. La forêt de Bruadan, récemment défrichée, était renommée pour son étendue et les beaux Chênes qu'elle fournissait au commerce. Les bois de Boulogne et Chambord forment une forêt de premier ordre. Dans l'intérieur de la Sologne, on cite encore les forêts de Villette, de Chaon et beaucoup d'autres massifs de bois créés plus récemment par des semis d'essence résineuse. Les anciens bois de quelque importance sont composés de taillis de Chêne blanc sous futaie de même nature ; ils ont généralement été établis en terre forte et argileuse. Le Chêne pédonculé offre, dans ces conditions, une végétation luxuriante qui rappelle celle des contrées les plus fertiles. La belle venue des essences feuillues, en Sologne, semble prouver que les arbres n'ont pas les mêmes besoins à satisfaire que la plupart de nos cultures herbacées; tandis que ces dernières ne peuvent trouver dans ce sol ingrat les matériaux nécessaires à leur nutrition, les végétaux ligneux paraissent, au contraire, rencontrer abondamment dans l'air et dans les profondeurs du sous-sol tous les éléments nécessaires à leur brillante végétation.

On signale souvent de telles anomalies entre ces deux classes de végétaux. Le marnage, si utile à nos cultures, paraît nuisible à certaines essences forestières; les surfaces, fatiguées par des assolements épuisants, semblent également très favorables à la germination et au développement des semences forestières. C'est ce qui fait dire au paysan solonais que *les sables sont mûrs pour le bois* quand le seigle refuse d'y croître par suite de l'épuisement excessif du sol.

Les essences feuillues, et le Chêne en particulier, forment certainement la plus belle parure du pays solonais; et, quand on est à l'ombre de ces arbres magnifiques disséminés çà et là aux abords des métairies, on se demande si l'on a bien le droit de taxer de stérilité le sol qui a donné naissance à une végétation si puissante et si admirable.

Chaque domaine, et pour ainsi dire chaque métairie, contient une étendue de bois dont la jouissance est réservée au propriétaire. Les anciens bois sont en taillis de Chêne ou de Bouleau. Le Chêne pédonculé (1) est consacré aux surfaces argilo-siliceuses, tandis que le Chêne à glands sessiles est réservé pour les argiles tenaces et plastiques, où il réussit à l'état de taillis mieux que toute autre essence. Les nouveaux bois, c'est-à-dire ceux qu'on a créés depuis trente ans, sont généralement formés de Pins maritimes. La garniture des parcelles isolées laisse souvent à désirer; depuis un temps immémorial, les cultivateurs ont l'habitude déplorable de faire paître leur bétail dans les taillis de Chêne. On

(1) Les botanistes nomment *Quercus pedunculata* le Chêne blanc ou pédonculé, et *Quercus robur* le Chêne rouvre, dont les glands sont sessiles.

trouve même des propriétaires qui tolèrent dans les baux ce droit abusif du fermier. Les semis de Pin maritime sont peut-être mieux défendus contre la dent meurtrière du bétail ; cependant, grâce à la négligence habituelle des bergères, on voit souvent les moutons se répandre dans les pinières, dont ils broutent les jeunes pousses avec avidité.

Un fait digne de remarque, c'est que les boisements s'étendent constamment au détriment des terres labourables.

Il y a déjà plus de trente ans qu'on a vu commencer cet envahissement des terres par les bois. Ce sol, naturellement ingrat, pauvre en chaux et en principes fertilisants, s'est rapidement épuisé par la méthode vicieuse de culture usitée chez les anciens fermiers. Quelle destination fallait-il donner à ces surfaces nues et improductives, et qui par leur nature sablonneuse se refusaient à toute amélioration agricole? Évidemment, il n'y avait rien de mieux à faire qu'à y jeter pour 3 ou 4 francs de graines de Pin maritime, et d'attendre patiemment la croissance et le développement de cette jeune forêt. A l'aide d'une dépense insignifiante et à la portée des propriétaires les plus gênés, on se préparait pour l'avenir un revenu certain sur une terre dont on ne retirait habituellement rien par le fermage.

Cette amélioration forestière s'accomplissait souvent forcément dans des terres épuisées qu'on n'aurait pu louer qu'à la condition de les confier à des fermiers pauvres et insolvables. Dans ce cas, l'intérêt du propriétaire le poussait à boiser toutes ces surfaces, admirablement préparées pour cette amélioration. Plus tard, on rappelait un nouveau colon qui, à l'aide de quelques secours, défrichait une partie des landes de l'ancienne ferme pour les transformer en terres labourables. Ces dernières, fatiguées, comme les précédentes, après quinze ou vingt ans de culture épuisante, ont dû subir la même transformation et concourir à augmenter la surface des boisements. C'est ainsi que, dans les cantons siliceux, le fermier ou le métayer, agissant par défrichement et par épuisement, est devenu un élément très favorable à la conversion des landes en forêts.

CHAPITRE III.

FORMATION DES PINIÈRES.

SECTION I.

PRÉPARATION DES TERRES AU BOISEMENT.

L'extention des bois qui serait déplorable s'il s'agissait de bons fonds enlevés à la production agricole par la routine défectueuse des exploitants, est au contraire un fait très heureux dans ces landes, qui ne sont propres qu'aux végétaux ligneux, et qui cependant ne deviennent aptes à la production forestière qu'après avoir subi quelques années de culture transitoire.

En Sologne, rien n'est plus difficile que de convertir directement une lande en bois. Les praticiens les plus habiles évitent soigneusement les mauvaises chances d'une telle opération. La terre de lande, remuée et ameublie pour recevoir la semence des essences forestières, se couvre immédiatement d'une végétation si vigoureuse de Bruyères, de Genêts et d'Ajoncs, qu'il est très rare que ces arbustes naturels n'étouffent pas le jeune repeuplement sur lequel on comptait pour garnir la surface. Le boisement direct de la lande n'a réussi qu'exceptionnellement dans la Sologne du département du Cher, sur un sol très sec où la Bruyère reste constamment petite et peu vigoureuse.

A part ces conditions fort rares, on peut dire que les arbustes naturels (Genêts, Bruyères, Ajoncs) sont plus robustes et plus forts que le Pin maritime, le Bouleau et le Chêne. Quand on a l'imprudence d'établir une lutte entre ces deux classes de végétaux, la victoire reste habituellement aux arbustes qui croissent naturellement sur ces sortes de terrains. La Sologne, sous ce rapport, est bien différente des landes de la Gascogne, où le Pin maritime envahit les Bruyères par réensemencement naturel, aussitôt que ces dernières ne sont plus pacagées par les troupeaux. Bien plus, le Genêt, qui tue le Pin en Sologne, est employé avec succès, dans les dunes de Bordeaux, pour protéger l'enfance de cette essence résineuse. Voyons maintenant comment on procède dans la formation des bois.

SECTION II.

CHOIX DES TERRES.

On boise des terres labourables ou des landes. Ces dernières ne sont pas aptes à recevoir immédiatement cette importante amélioration; ainsi que nous l'avons dit précédemment, on doit les soumettre préalablement à quelques années de culture.

Les terres labourables sur lesquelles on opère sont naturellement les plus mauvaises et les moins productives. On se garde de faire du bois sur les surfaces fraîches qui, marnées et convenablement fumées, sont propres à donner des produits avantageux par la culture ou par les prairies. Dans ce partage des terres labourables, on destine généralement au boisement les champs sablonneux, légers et perméables. Il est toutefois des circonstances spéciales qui forcent le propriétaire à boiser toutes ses terres labourables, quelle qu'en soit la nature. Alors on peut avoir à agir simultanément sur des sables purs ou plus ou moins mélangés d'argile.

Avant de déterminer les essences qui serviront à garnir les surfaces, il faut tenir compte de la nature du sol et du genre de produit recherché par le commerce. Parmi les nombreuses combinaisons qui seraient d'une exécution facile dans les conditions particulières où l'on se trouve, on doit s'arrêter à celle qui permettra d'obtenir le revenu annuel le plus élevé et le plus durable.

Le boisement, en Sologne, se présente sous deux aspects principaux, il est définitif ou temporaire : définitif, quand on a en vue la formation d'un taillis ou d'une futaie dont la durée est indéterminée ; temporaire, s'il n'est considéré que comme une garniture transitoire, propre à apporter dans le sol les substances fertiles qui assurent le succès ultérieur des cultures. Avant de faire le choix des essences, il est indispensable de savoir quel est celui de ces deux systèmes qui mérite la préférence.

SECTION III.

BOISEMENT TEMPORAIRE.

On ne l'opère qu'avec une essence qui atteint promptement le terme de sa maturité. Le Pin maritime, qui, dans des circonstances climatologiques et agrologiques plus favorables à sa végétation, atteint facilement l'âge de quatre-vingts à cent ans, dure rarement plus de vingt-cinq ans en Sologne. A partir de cette époque, son écorce se couvre de lichens, et l'accroissement devenant de plus en plus faible, on perdrait le revenu du capital représenté par le sol et le bois, si l'on retardait plus longtemps l'exploitation définitive de cette essence. Alors cette terre défrichée peut, grâce aux débris organiques dont elle s'est enrichie, produire d'excellentes récoltes sans autre dépense que celle des façons aratoires.

On arrive, de la sorte, à un assolement mixte où le

Pin maritime vient s'associer aux cultures qui conviennent spécialement à ces terrains de landes. Cet assolement aurait la formule suivante :

Pin maritime Id. — Id. —	vingt à vingt-cinq ans.
Seigle, — Sarrasin, Seigle, etc.	Pendant tout le temps que le seigle et le sarrasin peuvent réussir sans engrais.

La terre, épuisée de nouveau par cette série de cultures, rentre dans une nouvelle période forestière, à l'aide du Pin maritime, qui, au bout de vingt à vingt-cinq ans, cède encore sa place à ces mêmes cultures.

Dans cette rotation, le Pin maritime joue le rôle d'une jachère doublement productive, puisque, outre les matières ligneuses qu'il fournit au commerce, il rapporte dans le sol l'engrais indispensable à la belle venue des cultures. On ne saurait trop admirer cette propriété merveilleuse qu'ont les arbres de nos forêts de rapporter et d'emmagasiner, dans un sol épuisé, des substances fertilisantes qu'ils tirent des profondeurs du sous-sol à l'aide de leurs racines, ou de l'air atmosphérique par l'intermédiaire de leurs organes foliacés. C'est encore un de ces nombreux exemples en agriculture où le temps a l'avantage sur l'argent. Faites de fortes dépenses pour fertiliser promptement un sol ingrat, le résultat est incertain, chanceux, peut-être même désastreux pour l'améliorateur. Donnez, au contraire, cette tâche à une essence forestière, en remplaçant l'argent par du temps, non-seulement vous atteindrez votre but, qui est celui d'améliorer une terre pauvre, mais encore vous produirez cette amélioration en gagnant de l'argent. Il n'y a que dans les terres de bonne nature qu'une économie bien entendue commande d'accorder aux capitaux la prédominance sur le temps.

SECTION IV.

BOISEMENT DÉFINITIF.

Le système du boisement temporaire fait produire annuellement, aux mauvaises terres de la Sologne, du Pin maritime, du seigle ou du sarrasin. Dans le second système, qui est celui du boisement définitif, les cultures sont exclues, et le revenu annuel consiste constamment en produits ligneux. On atteint ce résultat en associant au Pin maritime le Chêne, le Bouleau, le Châtaignier, dont les taillis succèdent à l'exploitation définitive de l'essence résineuse. En Sologne, chacun de ces deux systèmes a ses partisans et ses adversaires. Malheureusement, ce n'est pas par la discussion qu'on peut trouver la solution des questions de ce genre, et nous ne possédons pas les expériences comparatives qui seules peuvent fournir les éléments matériels propres à nous éclairer. Toutefois, si nous envisageons le problème au point de vue humanitaire, nous préférerons le premier système, qui, au lieu de produire exclusivement des matières combustibles, fournit en outre des céréales à une population qui, jusqu'à présent, n'en récolte pas assez pour sa consommation.

SECTION V.

SEMIS DE PINS MÉLANGÉS A D'AUTRES ESSENCES.

Le Pin maritime, semé isolément, se conduit d'après les principes qui ont été énoncés précédemment dans les paragraphes consacrés aux ensemencements, aux éclaircies et aux élagages. Son association à une ou plusieurs autres essences n'entraîne pas de modification importante dans son exploitation. Il joue le rôle d'essence protectrice pour les taillis de Chêne, de Bouleau et de Châtaignier, qui croissent sous son couvert. Ces taillis forment leur souche pendant tout le temps que dure le Pin maritime, et ils ne deviennent réellement productifs qu'après l'exploitation complète et définitive de cette essence résineuse. Au lieu de passer brusquement de la sapinière au taillis de bois feuillus, on laisse quelquefois des baliveaux de Pin maritime, de manière à avoir un taillis de Chêne ou de Bouleau sous futaie d'arbres verts. Cette méthode n'est à recommander qu'autant que le sol ne se montre pas trop défavorable aux baliveaux résineux.

Pour ces boisements mélangés, le Pin maritime n'étant qu'une garniture transitoire, peu importe que le terrain ne réponde pas complétement à ses exigences spéciales. C'est plutôt pour l'essence feuillue appelée à occuper le terrain d'une manière définitive, qu'il faut prendre toutes ses précautions, afin de choisir celle qui convient le mieux à la nature du sol à boiser. Néanmoins, au lieu du Pin maritime, qui craint l'argile, on préférera le Pin sylvestre pour les surfaces où le sable manquera de profondeur.

Quant à l'essence feuillue qu'il faudra associer à l'un ou à l'autre de ces deux arbres résineux, on affectera :

1° Le Chêne rouvre aux argiles les plus tenaces;

2° Le Chêne blanc ou pédonculé aux terres argilo-siliceuses;

3° Le Bouleau aux sables maigres, frais et profonds;

4° Le Châtaignier aux sables gras, frais et profonds.

Le Chêne est doué d'une très grande rusticité. Dans les sables maigres, impropres au Châtaignier et au Bouleau, c'est encore le Chêne blanc qui sera l'essence la plus productive.

Au reste, les variations si fréquentes du sol rendent souvent fort difficile l'application des règles que je viens de poser. Pour être plus sûr de réussir, on associe souvent au Pin maritime deux essences feuillues : par exemple, le Chêne et le Bouleau.

Les beaux taillis de Châtaignier sont fort rares en Sologne, ce qui doit faire présumer qu'il y existe peu de terres propres à cette essence. Cependant on voit çà et là des Châtaigniers séculaires d'une beauté admirable. Il est vrai qu'ils ont crû isolément dans des terres voisines des métairies, et qu'ils ont profité des façons et des fumures qu'on appliquait aux cultures auxquelles ils étaient associés.

L'année du semis de Pin maritime n'est pas toujours une année fertile en glands. Dans ce cas, on sème également l'essence résineuse, sauf à planter plus tard des glands à la pioche dans les jeunes pinières.

Si l'on sème la graine de Pin et les glands à la même époque, on répand d'abord les glands sur la surface disposée en billons; cette semence tombe au fond des billons, et un coup de herse, qui rabat les billons, suffit pour les enterrer à une profondeur convenable. On répand ensuite la graine de Pin, qu'on recouvre par un léger coup de herse. Si l'on sème des châtaignes, on procède absolument de la même manière qu'avec le gland.

On n'a pas l'habitude de multiplier le Bouleau de semence, en Sologne. On préfère planter à 1 mètre ou 1^{m},50 dans tous les sens, du plant de trois ans, qu'on recueille à peu de frais dans le voisinage des vieux Bouleaux porte-graine.

Nous connaissons les diverses essences qui doivent être utilisées dans les boisements de la Sologne, voyons maintenant la part respective qui doit être faite aux bois et aux cultures dans l'amélioration générale de la Sologne.

Je ne m'étendrai pas longuement ici pour prouver combien il serait téméraire de tenter immédiatement de belles cultures sur un sol naturellement ingrat, dépourvu de calcaire, et généralement trop sec ou trop humide. Les désastres sans nombre qui ont atteint tous ceux qui y ont voulu organiser une grande culture améliorante et extensive, prouvent suffisamment que les bois qui peuvent s'établir à peu de frais, tout en promettant un résultat certain sur les sables secs aussi bien que sur les argiles les plus tenaces, doivent jouer le premier rôle quand il s'agit de demander un revenu quelconque à des surfaces trop pauvres pour nourrir les plantes cultivées les moins exigeantes.

En Sologne, les cultures ne se justifient que pour certaines parcelles privilégiées de nature argilo-siliceuse, ou silicéo-argileuse, qui, marnées, assainies ou drainées et fumées copieusement, pourront alors donner de bons rendements en céréales et en récoltes fourragères. Mais il est évident que ces améliorations, dont les frais dépassent souvent la valeur du fonds, ne s'effectueront que sur une très faible partie des terres des grandes fermes de la Sologne. Une ferme de la contenance de 100 à 150 hectares sera déjà singulièrement améliorée, quand on y trouvera 20 ou 30 hectares traités comme nous venons de l'indiquer.

Il n'est pas possible d'établir par des chiffres les proportions relatives qui doivent exister entre les bois et les cultures; les circonstances locales et la position spéciale du propriétaire doivent servir de base à cette répartition.

Les hommes qui comprennent le mieux l'exploitation des grands domaines de la Sologne destinent au boisement :

1° Les vieilles terres nues des fermiers qui sont généralement sablonneuses;

2° Les landes de mauvaise nature.

Ces landes, ainsi que nous l'avons déjà dit, ne peuvent être immédiatement converties en bois. Défrichées et soumises à l'action du noir animal, elles donnent, pendant deux ou trois ans, des récoltes qui remboursent les frais de défrichement, et qui détruisent les mauvaises plantes dont ces surfaces incultes sont naturellement salies.

J'ai pratiqué, sur une très grande échelle, ces boisements sur les domaines impériaux de la Sologne. Voici les principales dépenses qu'exigeait, en 1853, l'ensemencement d'un hectare de vieille terre :

10 kilogr. de semence désailée de Pin maritime, à 40 cent.	4 fr.	00 c.
1 kilogr. de semence désailée de Pin Sylvestre, à 3 fr. . .	3	
150 litres de glands, à 3 cent.	4	50
50 litres de châtaignes, à 5 cent.	2	50
Épandage des graines.	2	50
	16 fr.	50 c.

Les frais d'assainissement, de nivellement, de clôture, de nettoyage, variables suivant les localités, revenaient, en moyenne, à 16 francs l'hectare ; de sorte que le boisement d'un hectare coûtait environ 32 fr. 50 c., tant en graines qu'en main-d'œuvre. Il y aurait encore à compter les frais de labour et de hersage, qui, il est vrai, ne sont pas importants pour ces terres généralement sablonneuses. Les terres laissées en billon par le fermier sortant n'exigent d'autre façon qu'un coup de herse pour recouvrir les semences *forestières*.

Ce système de boisement est complet, définitif et assuré contre les plus mauvaises chances.

Si le Pin sylvestre ne germe pas (ce qui arrive malheureusement trop souvent), il sera remplacé par le Pin maritime, et réciproquement. Si les essences résineuses ont peu de succès, le gland, la châtaigne et parfois le plant de bouleau suffiront pour garnir convenablement le terrain.

On cite des boisements qui ne coûtent que 4 à 5 francs par hectare au lieu de 32 fr. 50 c. Dans ce cas, on se borne à jeter de la graine de Pin maritime dans une récolte de seigle ou de sarrasin. Cette graine coûte peu et les produits de la culture intercalée paient les frais de labour et de hersage. Cette méthode a l'inconvénient de faire reposer le succès du boisement sur une seule essence qui peut manquer et qui peut ne pas être appropriée à la nature du sol. D'un autre côté, elle suppose que la terre à boiser n'est pas trop épuisée pour supporter un dernier seigle ou un dernier sarrasin.

Tel n'est pas, généralement, l'état d'un champ abandonné des fermiers ou des métayers.

Les jeunes pinières appelées vulgairement *sapinières* par les Solonais, seront traitées d'après les principes exposés dans le chapitre premier.

J'arrive immédiatement à leur exploitation et aux produits qu'on en retire.

CHAPITRE IV.

EXPLOITATION DES PINIÈRES.

SECTION I.

PRODUITS DES PINIÈRES.

M. Baguenault, propriétaire près de Nouan-le-Fuzelier (Loir-et-Cher), évalue ainsi les produits par hectare de ses sapinières jusqu'à vingt-cinq ans, d'après une note qui a été communiquée à M. Brongniart, auquel nous devons un excellent rapport sur les plantations forestières de la Sologne :

	fr. c.	fr. c.	PAR AN. fr. c.
A 10 ans, 1re éclaircie, 2000 bourrées à 2 fr. 75 c. le cent, net 1 fr.	20 00	76 25	7 60
15 cordes à charbon de 3 st. 70 (55 stères), à 5 fr. 50, net 3 fr. 75 c.	56 25		
A 15 ans, 1200 bourrées	12 00	89 50	17 90
10 cordes à charbon (37 stères)	37 50		
5 cordes à brûler de 4 stères (20 stères), à 10 francs, net 8 francs	40 00		
A 20 ans, 1200 bourrées	12 00	122 00	24 40
8 cordes à charbon (37 stères)	30 00		
10 cordes à brûler	80 00		
A 25 ans, 2000 bourrées	20 00	217 50	43 50
10 cordes à charbon (37 stères)	37 50		
20 cordes à brûler (8 stères)	160 00		
Total à 25 ans		505 25	20 00

Le revenu annuel moyen serait de 20 francs.

Ce chiffre peut s'appliquer à la plupart des pinières de la Sologne. Pour être vrai, il faut dire qu'il variera beaucoup suivant les localités.

Certaines pinières ravagées par les insectes auront un revenu pour ainsi dire insignifiant; tandis que d'autres, mieux favorisées sous le rapport du sol, des voies de communication et des débouchés pour les cotrets, les échalas et les chevrons, pourront rapporter 30 et même 40 francs par hectare. Tel est le bois de Pin maritime, sans mélange, situé à Alosse près Marcilly. M. de Mainville, qui en était le propriétaire, a établi comme il suit le produit de cette sapinière, frais d'exploitation et de façonnage déduits :

	fr. c.	fr. c.	PAR AN.
1re éclaircie à 8 ans (7 à 9 ans), 2000 bourrées à 2 francs	40 00	40 00	5 00
2e éclaircie à 10 ans (9 à 11 ans), 1200 bourrées à 2 francs	24 00	52 00	26 00
60 bottes d'échalas à 12 fr. les 25	28 00		
3e éclaircie à 12 ans (11 à 13 ans), 1200 bourrées à 2 fr. 50 c.	30 00	68 50	34 00
35 bottes d'échalas à 50 cent.	17 50		
175 cotrets à 12 francs le cent.	21 00		
4e éclaircie à 14 ans (13 à 15 ans), 500 bourrées à 2 fr. 50 c.	12 50	76 50	38 00
24 bottes d'échalas à 50 c.	12 00		
400 cotrets à 13 fr. le cent.	52 00		
5e éclaircie à 16 ans (15 à 17 ans), même produit	76 50	76 50	38 00
6e éclaircie à 18 ans (17 à 20 ans), même produit	76 50	76 50	38 00
7e éclaircie à 21 ans (20 à 23 ans)	76 50	76 50	25 50
8e éclaircie à 25 ans (23 à 26 ans), 500 bourrées à 2 fr. 50 c.	12 50	87 00	22 00
225 cotrets à 13 fr. le cent.	29 50		
450 mètres de chevrons à 10 cent.	45 00		
Total en 25 ans.		553 50	22 00

Il restait alors sur pied 800 Pins par hectare, valant de 75 cent. à 1 franc pièce ; si l'on voulait exploiter complétement à cet âge, on en obtiendrait 600 francs, qui, ajoutés à 553 fr. 50 c., égalent 1 153 francs, ou 46 fr. par an et par hectare.

Le Pin maritime de ce bois se trouvait évidemment dans un sol très favorable à sa végétation. Remarquons, en passant, que l'exploitation en a été très judicieusement conduite, et qu'on a eu soin de procéder par des éclaircies légères et fréquentes.

Ces comptes font voir nettement que les produits du Pin maritime en Sologne sont : en première ligne, les bois de chauffage (cotrets et cordes à brûler) ; puis viennent les cordes à charbon, et en dernière ligne les bourrées, dont l'emploi et la vente présentent quelquefois d'assez grandes difficultés.

Les cotrets de la Sologne ont été d'abord acceptés par les boulangers d'Orléans et des localités voisines ; ils les préfèrent à ceux de Bouleau qui sont moins avantageux sous le rapport du rendement en braise.

Ces débouchés n'auraient pas tardé à devenir insuffisants pour la Sologne, si la boulangerie de Paris avait persisté à refuser le bois de Pin maritime qu'on accusait de produire, en éclatant dans le four, une poussière qui salissait le pain pendant la cuisson.

Les cotrets se façonnent à tâche en Sologne.

Le bûcheron reçoit 4 fr. 50 c. pour 100 cottrets, y compris l'abatage du bois.

L'écorçage fait subir aux cotrets un déchet d'un

quart; 100 cotrets non écorcés ne produiront que 75 écorcés. Cette opération coûte 3 francs pour 100 cotrets à écorcer, soit 4 francs pour 100 cotrets écorcés, et pour obtenir 100 cotrets écorcés il en faut environ 130 non écorcés. Supposons que le cotret non écorcé vaille 16 francs le cent pris sur place.

Les 100 cotrets écorcés coûteront :

Pour 130 cotrets non écorcés, à 16 francs le cent. . . .	20 fr. 80 c.
Pour l'écorçage de 130 cotrets, à 3 francs le cent. . . .	3 90
Total.	24 fr. 70 c.

Ainsi, 100 cotrets écorcés reviennent à 21 fr. 70 c., c'est-à-dire qu'ils coûtent à produire 50 pour 100 de plus que les cotrets non écorcés; en d'autres termes, pour le prix de 100 cotrets écorcés on aurait 150 cotrets non écorcés.

Jusqu'à présent la boulangerie parisienne persiste à ne pas vouloir employer les cotrets non écorcés; elle préfère payer le bois plus cher, et n'avoir pas à subir, pour nettoyer les fours, des frais de main-d'œuvre et une perte de chaleur qui dépasseraient l'économie résultant de l'emploi du Pin non écorcé.

Après tout, l'écorce ne donne pas de braise, et comme combustible, elle est plus volumineuse et coûte, par conséquent, plus à transporter que le bois pur qui est plus dense et plus compacte.

L'écorçage, en donnant à une matière encombrante une valeur plus considérable, permet à cette matière de subir des frais de transport plus considérables, condition qui a pour effet d'étendre les débouchés et d'augmenter le nombre des consommateurs.

Les cotrets écorcés arrivent maintenant en masse à Paris, et il est à croire que ce centre si important de population consommera facilement tout ce que la Sologne pourra lui expédier. Malheureusement pour les propriétaires, les frais de transport par le chemin de fer d'Orléans emportent souvent plus de la moitié du prix que ces cotrets acquièrent à Paris hors barrière.

Les tarifs du chemin de fer appliqués au transport des cotrets sont loin d'être fixes et invariables. Voici quelques données qui ne seront pas sans intérêt pour les propriétaires qui auront à étudier cette question importante.

En 1853, la Compagnie d'Orléans faisait payer, pour un wagon chargé de cotrets :

De la Motte-Beuvron à Orléans (39 kilom.)	15 fr.	50 c.
D'Orléans à Paris (121 kilom.)	44	50
Total	60 fr.	00 c.

Ce wagon contenait 220 cotrets, ou 13 stères et demi de bois, qui valaient 39 fr. 60 c., pris à la station de la Motte-Beuvron.

Ainsi on payait 60 francs de transport pour une matière qui ne valait en Sologne que 39 fr. 60 c.

Quand il plaisait à la Compagnie de mettre à la disposition de l'expéditeur des wagons découverts, alors on mettait 300 cotrets par wagon, et, dans ce cas, les frais de transport étaient de 60 francs pour une matière qui en valait 54.

Enfin, la Compagnie passait quelquefois des marchés particuliers par lesquels elle s'engageait à transporter les bois de la Sologne à Paris à raison de 10 fr. 35 cent. les 1000 kilogrammes, ce qui fait environ 6 centimes et demi par kilomètre et par tonne.

Par ce dernier tarif, les frais de transport étaient moindres que la valeur de la matière transportée.

CHAPITRE V.

FABRICATION DU CHARBON DE BOIS (1).

La carbonisation est une opération d'une grande importance dans l'exploitation des forêts résineuses.

(1) Ce charbon se compose chimiquement de carbone et de quelques sels alcalins et terreux. Ces sels qui forment la cendre du charbon sont en très faible proportion relativement à la masse du carbone. On sait que le diamant n'est que du carbone pur cristallisé. Dans l'acte de la combustion, le carbone, corps solide, s'unit à l'oxygène de l'air, corps gazeux, pour constituer l'acide carbonique et l'oxyde de carbone, deux autres corps gazeux qui, respirés pendant quelques secondes, produisent des maux de tête et souvent même l'asphyxie et la mort.

D'après des expériences très nombreuses faites par Hartig et Werneck, le bois et le charbon d'une même essence produisent, à poids égal, sen-

Le bois de branches et les tiges des premières éclaircies se vendraient mal comme bois de chauffage; on en tire, au contraire, un parti très avantageux en les convertissant en charbon. Dans certaines localités privées de bonnes routes et éloignées des grands centres de population, la carbonisation est souvent la seule ressource qui reste au propriétaire pour utiliser des produits qui, façonnés en cotrets, auraient à supporter des frais énormes de transport.

siblement la même quantité de chaleur. Suivant Rumfort, le charbon de 3 kilogrammes de bois ne produit pas plus de chaleur qu'un kilogramme de bois de la même nature. Mais Rumfort, dans ses essais, obtenait 43 pour 100 de charbon. En fabrication ordinaire on ne peut guère espérer que 20 pour 100.

Un décimètre cube de bois de Pin maritime pèse, après huit ou neuf mois de dessiccation à l'air, un demi-kilogramme. Ce décimètre cube carbonisé, d'après la méthode ordinaire, donnera 100 grammes de charbon qui produiront autant de chaleur que 83 grammes (suivant Rumfort), ou 100 grammes (suivant Hartig et Werneck) de bois de Pin de la même nature.

Ainsi à poids égal, le charbon de Pin ne chauffe pas plus que le bois de Pin. Seulement le charbon s'allume plus promptement et brûle sans fumée, ce qui permet de l'employer pour la cuisine dans des fourneaux qui utilisent bien la chaleur produite. La combustion du bois exige, au contraire, l'emploi de cheminées dont les courants d'air nécessaires pour emporter la fumée enlèvent en même temps au foyer une très forte quantité de chaleur.

Tout en reconnaissant les propriétés spéciales du charbon, constatons que pour les obtenir nous perdons au moins les quatre cinquièmes du combustible primitif; ce qui signifie que 100 grammes de charbon qui résultent de 500 grammes de bois ne donnent pas plus de chaleur que 100 grammes de bois. Ainsi la fabrication du charbon ne pourrait se justifier par l'économie des frais de transport, puisque le charbon et le bois produisent, à poids égal, les mêmes quantités de chaleur.

En général, on carbonise les morceaux de bois qui ont 4 à 5 centimètres de diamètre; ceux qui sont plus petits entrent dans la confection des bourrées; ceux qui sont plus gros sont façonnés en cotrets ou en bois de service.

Les premières éclaircies des pinières, celles qui se font de 6 à 10 ans, ne produisent que des bourrées et des cordes à charbon. Quand les Pins sont plus âgés, on ne tire alors du bois à charbon que des branches et de la partie supérieure de la tige.

Les bûches les plus avantageuses pour la carbonisation sont celles qui sont droites, moyennement grosses et suffisamment desséchées. Elles ne doivent pas avoir plus de $0^m,75$ à $0^m,80$ de longueur; celles qui sont courbes sont coupées en deux ou trois morceaux qui, par cette division, acquièrent plus de régularité. Les brindilles latérales seront coupées rez tronc sur les bûches et les coupes extrêmes seront nettes et rondes. Les chicots nuiraient à l'arrangement de la masse, et les bouts terminés en biseau se consumeraient en pure perte. On doit exclure de la carbonisation le bois vert et le bois mort: le premier rend très peu de charbon; le second ne fait que de la cendre, et conserve du feu qui peut rallumer la charbonnière après que l'ouvrier croit l'avoir complétement étouffée, inconvénient grave qui occasionne des incendies et peut faire perdre une grande quantité de charbon. Le bois de Pin maritime est bon à être carbonisé six mois après l'abatage.

Le printemps et surtout l'automne sont les saisons les

plus favorables à la carbonisation. A l'époque des grandes sécheresses d'été, il y aurait quelque danger à faire du charbon dans une localité qui manquerait d'eau. Quand cette condition est facile à remplir, il est toujours bon que le charbonnier ait de l'eau à sa disposition.

Dans le choix de la place du fourneau, on a surtout égard à la disposition et à l'éloignement des cordes à charbon. On prend naturellement l'endroit qui, par sa position centrale, rend les frais de transport aussi faibles que possible. On nivelle le terrain et l'on coupe la bruyère et les autres menus bois voisins du fourneau pour éviter toute chance d'incendie. Le Pin maritime est très sensible à l'action du feu et de la fumée des charbonnières; si l'on veut éviter ces mortalités d'arbres qui deviennent quelquefois un foyer d'infection en favorisant le développement des insectes lignivores, on fera bien de cuire le charbon en dehors des pinières ou dans des lacunes d'un rayon assez étendu.

Quand il existe d'anciennes places à fourneaux convenablement situées, il y a avantage à s'en servir de nouveau.

Si l'on est forcé d'établir la charbonnière sur un sol neuf, il est avantageux de faire reposer le premier lit vertical sur une simple couche de bûches horizontales, à laquelle on donne le nom de *plancher*.

Les proportions du fourneau varient suivant l'usage auquel le charbon doit être employé.

Pour les cuisines, les praticiens conseillent de cuire à la fois 15 à 18 stères de bois, et 30 à 35 et plus pour le charbon destiné aux forges. Les petits fourneaux occasionnent moins de perte que les grands, quand par hasard la cuisson ne réussit pas.

La place de la charbonnière étant convenablement préparée, on plante un gros pieu au centre de la circonférence. On dresse le bois à carboniser contre ce pieu vertical, après l'avoir préalablement entouré de brindilles et de menu bois bien sec et facile à enflammer. Les bûches sont placées debout sous une légère inclinaison. On établit ainsi un premier lit qu'on peut ne pas terminer immédiatement, afin d'avoir plus de facilité pour l'établissement du second lit. Au-dessus de ce dernier, on en met un troisième et quelquefois un quatrième, suivant le volume qu'on veut donner à la charbonnière. Dans cet arrangement on réserve les morceaux de bois les plus gros et les moins secs pour la partie la plus basse et la plus centrale de la charbonnière, parce que c'est à ce point que le feu a le plus d'énergie. Les morceaux de bois qui sont petits et secs sont placés sur les contours et à la partie supérieure de la masse. On doit serrer les bûches les unes contre les autres et remplir le vide avec du petit bois. Si l'on avait différentes sortes de bois à carboniser en même temps, ce serait le plus dur qui devrait être placé au centre de la charbonnière.

Le cône achevé, on retire le pieu central, ce qui laisse dans la masse un vide destiné à jouer le rôle d'une cheminée. On recouvre la surface extérieure du cône de feuilles, de ramilles, de terre et de mousse plus ou moins mélangée de sable. Cette couche de terre doit avoir 5 à 6 centimètres d'épaisseur. On met le feu à la partie inférieure de la cheminée, qui reste ouverte pendant un certain temps, afin que toute la masse puisse s'enflammer (1). Le foyer principal s'établit ainsi au centre de la charbonnière, l'ouvrier a soin de l'alimenter en remplissant de bois la cheminée aussitôt qu'un vide s'y produit : c'est ce qu'on appelle *paître la charbonnière*. Il bouche l'ouverture supérieure aussitôt que la masse lui paraît suffisamment allumée ; ce qu'il reconnaît à la couleur de la fumée qui, de blanche qu'elle était au commencement de l'opération, devient bleue et transparente quand le feu acquiert plus d'énergie. Alors il s'agit de régler l'entrée et la sortie de l'air de manière que la température intérieure ne soit ni trop basse ni trop élevée : trop basse, la cuisson se ferait mal et le charbon manquerait de qualité, il renfermerait ce qu'on appelle des *fumerons ;* trop élevée, beaucoup de bois se consumerait en pure perte, et le rendement en charbon éprouverait une forte diminution.

L'art du charbonnier consiste dès ce moment à apprécier exactement la marche du feu dans l'intérieur de la masse, de telle sorte qu'il le modère dans les parties où il est trop actif, et qu'il le ranime dans les parties où il n'est pas assez énergique. C'est à l'inspection de la fumée et des crevasses qui s'opèrent à la surface extérieure qu'il juge l'état de la combustion intérieure. Il

(1) Certains ouvriers font communiquer la cheminée avec une galerie horizontale qui aboutit à la circonférence. Dans ce cas, c'est par cette galerie remplie de brindilles qu'on met le feu à la masse.

tempère le feu en bouchant les ouvertures qui livrent passage à l'air ou à la fumée; il l'active au contraire sur les parties qui brûlent mal en faisant à la couverture des trous avec le manche de sa pelle.

On évite les mauvais effets qui résulteraient des courants d'air à l'aide d'abris formés avec des paillassons ou des bourrées rangées en forme de mur, ou avec un simple clayonnage composé de branchages.

La charbonnière la mieux dressée et la mieux conduite est celle qui, restant homogène pendant toute la durée de l'opération, s'affaisse et se crevasse uniformément en laissant échapper régulièrement de la fumée par les différentes ouvertures qui sont disposées symétriquement sur la surface extérieure du cône.

Le feu s'étend de haut en bas et du centre à la circonférence. Au bout de trente-six heures, pour les fourneaux de moyenne grandeur, toute la couverture de la charbonnière devient incandescente : c'est le moment du *grand feu*. « Quand un fourneau est arrivé à ce point, dit » M. Thomas, un charbonnier habile et vigilant le fait » flamber à le croire perdu, puis l'étouffe habilement. » Cette façon, exécutée en temps utile, rend beaucoup » de charbon ; mais pour se la permettre avec réussite, il » faut que les fourneaux soient abrités des courants » d'air, sinon on s'exposerait à un déchet considérable. »

Après ce violent coup de feu, la carbonisation peut être considérée comme terminée. On modère le feu petit à petit en bouchant les ouvertures qui laissent passer l'air, et en remplaçant la terre chaude et sèche de la couverture par une autre terre froide et un peu humide. Le feu s'étouffe en cinq ou six heures. Il faut encore une journée pour que le charbon se refroidisse et soit bon à emporter.

Pour obtenir un fort rendement en charbon, il faut prendre garde de trop élever la température au commencement de l'opération; la première période doit être consacrée non à carboniser le bois, mais à le débarrasser de l'eau à laquelle il se trouve uni ou combiné. Si l'on a l'imprudence de chauffer fortement les bûches alors qu'elles ne sont pas encore dépouillées de leur eau, cette dernière se décompose et donne naissance à deux gaz qui se combinent avec le charbon pour sortir du fourneau à l'état d'acide carbonique, d'oxyde de carbone et d'hydrogène carboné. Il en résulte une perte réelle de charbon qui, dans ce cas, se consume de la même manière que dans les fourneaux de nos cuisines. L'eau décomposée par le feu agit sur le charbon incandescent avec plus de force encore que ne le ferait l'air atmosphérique.

Le charbon bien cuit se reconnaît à sa dureté et à sa sonorité.

Rendement en charbon.

S'il ne se perdait aucun atome de charbon pendant l'acte de la carbonisation, pour 100 kilos de bois on retirerait environ 42 kilos de charbon. Mais on est loin d'atteindre ce chiffre, même dans les cas les plus favorables. Les procédés les plus parfaits ne donnent pas plus de 25 pour 100. Par les méthodes ordinaires on n'obtient souvent que 15 à 20 pour 100.

En Sologne, la corde à charbon la plus usitée offre les dimensions suivantes :

Hauteur.	30 pouces	= 0m,82
Largeur..	30 pouces	= 0m,82
Longueur	16 pieds	= 5m,33
Capacité d'une corde à charbon. . .	3 stères 58	

Suivant la réussite de l'opération, on retire d'une corde à charbon 4, 4 1/2 à 5 sacs de 230 litres chacun.

Le stère de Pin sec pèse.	250	kilogrammes.
La corde id.	895	—
L'hectolitre de charbon sec de Pin.	19	—
Le sac —	43kil,70	

Le rendement de 4 sacs par corde équivaut à celui de 18 pour 100 en poids ; le rendement de 5 sacs par corde équivaut à celui de 24 pour 100.

La corde à charbon en bois de Pin se vend sur place 5 à 6 francs ; quand c'est du chêne, elle vaut 10 à 12 francs. Pour intéresser le charbonnier au succès de l'opération, on règle son salaire sur le rendement en charbon : on lui donne 0,45 par sac de charbon. Quelques propriétaires qui ont confiance dans leurs ouvriers, au lieu de les payer au sac, leur donnent 2 francs par corde carbonisée. Le charbon de Pin est plus léger, et par conséquent moins estimé que celui de chêne. Ce dernier pèse un quart en sus, soit environ 25 kilos par hectolitre.

Ces diverses sortes de charbon se distinguent difficilement. Les marchands les mélangent souvent pour augmenter frauduleusement leur bénéfice.

En Sologne, quand le charbon de Pin se vend 1,75 à 2,25 le sac, celui de chêne vaut 3 à 4 francs.

Il y a peu d'années on a établi en Sologne une usine où l'on carbonisait le bois de Pin à vases clos. On condensait les produits volatils, et l'on en retirait par distillation du goudron et de l'acide pyroligneux. Indépendamment de ces matières, qui sont perdues par les procédés ordinaires, on obtenait un rendement en charbon beaucoup plus considérable. La mort du propriétaire de l'usine en question est venue interrompre cette intéressante fabrication. Il est regrettable qu'il ne se soit trouvé personne pour continuer cette entreprise qui, après de longs tâtonnements et des essais onéreux, allait enfin entrer dans une période plus heureuse, grâce à l'amélioration et à la perfection des procédés de fabrication.

CHAPITRE VI.

CARBONISATION DES BOURRÉES.

Il est en Sologne un produit ligneux encombrant dont le propriétaire a souvent beaucoup de peine à se débarrasser : je veux parler de la bourrée, sorte de fagot à un seul lien, composé exclusivement des brindilles qui résultent du façonnage et du nettoyage du bois. La coupe des landes donne également des bourrées d'une nature particulière, formées principalement de bruyère, d'ajonc et de genêt. Quelle que soit sa composition, la bourrée a de 1 mètre à 1^{m},33 de longueur, et 0^{m},80 à 0^{m},85 de tour au lien. La Sologne, pays de bois et de landes, fournit une masse considérable de ces bourrées qui cessent d'être utilisées pour le chauffage quand elles ne sont pas à portée des grands centres de population. Il est rare qu'elles puissent supporter les frais d'un transport de plus de 12 à 16 kilomètres.

Quand elles ne peuvent plus être vendues aux classes malheureuses qui les emploient dans les cheminées et dans les fours à cuire le pain, il faut recourir à une industrie qui les consomme sur place à un prix qui puisse au moins rembourser au propriétaire les frais que lui a occasionnés la fabrication de ces bourrées. Plutôt que de fabriquer un produit qui lui coûte 1 fr. 50 à 2 francs le cent de façon, et dont la vente est difficile, il préfère le laisser pourrir sur place, afin d'en obtenir par la décomposition une sorte de fumier qui profite aux coupes ultérieures, tout en enrichissant le sol d'une certaine dose de fertilité. Dans ce cas, il y aurait avantage à imiter l'exemple du cultivateur gascon, qui demande aux landes toutes les litières nécessaires à la fabrication de ses fumiers. On ferait passer sous le bétail les matières ligneuses les plus fines et les plus propres à absorber les déjections liquides et solides.

En Sologne, on n'a pas l'habitude de faire aux bois et aux landes cet emprunt précieux pour les fumiers; on préfère consacrer les bourrées à la cuisson des briques, des tuiles, des carreaux et de la chaux. Toutes les fois que les produits fabriqués s'écoulent facilement dans la localité, on a tout avantage à construire des fours à briques à portée des bois et des landes qui fournissent les bourrées. Cette industrie pourra les acheter au prix de 2 francs à 2 fr. 50 c. le cent. Comme la façon de ces bourrées coûte 1 fr. 50 cent. à 2 francs, ce sera pour le propriétaire un bénéfice de 50 centimes par centaine de bourrées. Ce sera en outre une source de travail pour les moments où l'agriculture ne peut plus utiliser tous les bras disponibles.

Malheureusement les fours à briques sont insuffisants pour absorber les milliers de bourrées fournies principalement par l'exploitation en cotrets du Pin maritime.

Il sera impossible de tout vendre, si l'on ne trouve pas le moyen de les transformer en d'autres produits propres à être utilisés par certaines fabrications spéciales.

Depuis quelques années, on essaie de les carboniser pour ainsi dire à vases clos, et d'en retirer de la petite braise et une matière beaucoup plus divisée qu'on désigne sous le nom de poussier de charbon. La solution du problème ne laisse rien à désirer au point de vue de l'opération chimique, et l'on peut dire que la bourrée est carbonisée avec tant de perfection, qu'on pourrait avec certaines précautions la retirer du four avec toutes les formes qu'elle affectait avant d'y être soumise à l'action du feu.

Les aiguilles de Pin, les feuilles de bruyères, sortent du four parfaitement carbonisées, et n'ayant éprouvé de modification physique que dans leur couleur, qui est passée du gris au noir.

Les brindilles d'une certaine grosseur fournissent de la braise dont les usages sont les mêmes que ceux du charbon de bois ordinaire. Mais cette braise n'a qu'une importance secondaire à côté du poussier de charbon qui forme la masse principale du produit obtenu. C'est à l'emploi avantageux de ce poussier par d'autres industries qu'est attaché l'avenir de cette intéressante fabrication. M. Popelin-Ducart s'en sert pour la préparation de ce charbon en morceaux cylindriques, connu dans le commerce sous le nom de *charbon de Paris*.

Telle est la puissance de la science : ces bourrées, qui ne pouvaient supporter économiquement un transport de quelques lieues pour chauffer l'habitant de la Sologne, parviennent, après une transformation chimique des plus simples, à franchir un espace considérable pour se poser en rivales du charbon de bois sur les fourneaux des cuisines de Paris. Ce nouveau produit aura sans doute à lutter contre les préjugés et le mauvais vouloir des domestiques qui s'en servent; mais il faut espérer qu'à la longue, il finira par être apprécié à sa juste valeur.

Le poussier de charbon est encore utilisé sur une assez vaste échelle dans la fabrication des engrais artificiels. On sait que les substances charbonneuses jouissent de la propriété de désinfecter les vidanges en les solidifiant; c'est pour cet usage que le poussier de charbon est employé dans plusieurs villes importantes. On doit faire des vœux pour que ce procédé de désinfection s'applique à toutes les vidanges qui, suivant les localités, sont complétement perdues ou soumises à des manipulations qui les privent d'une forte partie de leurs substances fertilisantes. S'il en était ainsi, que de services cette industrie des engrais désinfectés aurait rendus à l'agriculture et à l'hygiène publique. D'abord elle offrirait un vaste débouché à ces poussiers de charbon, qui jusqu'à présent sont d'un placement assez difficile, et elle conserverait au bénéfice de l'agriculture une quantité prodigieuse de substances utiles qui se perdent dans les villes en viciant l'air et en compromettant la santé publique.

Avec deux produits qui dans certains cas n'ont presque aucune utilité, les bourrées de la Sologne, et les vidanges des grandes villes, on peut ainsi composer un engrais énergique dont chaque hectolitre représente au moins un hectolitre de froment. En présence des avantages immenses d'une telle industrie, on s'étonne que depuis longtemps il ne se soit pas établi entre la Sologne et Paris deux courants opposés, l'un de poussier de charbon, l'autre d'engrais désinfectés et solidifiés. Quoi de plus admirable cependant que ces bruyères carbonisées, venant à Paris se saturer d'engrais, et rapportant en Sologne la fertilité sur un sol ingrat qui les a produites. Si la Sologne échangeait ces poussiers contre des vidanges désinfectées, les landes, qui n'attendent que de l'engrais pour devenir productives, se défricheraient comme par enchantement et ne tarderaient pas à se couvrir des plus riches moissons.

L'assainissement du pays suivrait les progrès de l'agriculture, et l'on aurait atteint ce résultat merveilleux que l'amélioration de la Sologne se serait précisément opérée sous l'influence de ces substances fertilisantes qui, avant d'être recueillies dans les villes, étaient au contraire une cause puissante d'insalubrité et de maladies.

Il serait toutefois téméraire de penser qu'un tel progrès pût s'obtenir sans quelques difficultés. Il a fallu d'abord inventer une méthode simple et économique de fabriquer du poussier de charbon. On devine les obstacles qu'on a dû vaincre dans un pays arriéré et peu favorable aux innovations.

Le poussier fabriqué, il faut s'entendre avec les municipalités des villes dont les règlements concernant la matière en question sont d'une exécution plus ou moins difficile. Enfin, pour étendre les débouchés du produit obtenu, on a encore à triompher de la résistance et de la répugnance des cultivateurs qui, trop souvent trompés par les fabricants d'engrais commerciaux, ne se décident à tenter une nouvelle substance qu'autant qu'ils en ont sûrement apprécié toutes les propriétés fertilisantes.

Je dépasserais le cadre de ce travail, si j'exposais ici

la préparation des engrais désinfectés; je me bornerai à décrire la fabrication du poussier de charbon, telle qu'elle se pratique au château impérial de la Motte-Beuvron (Sologne).

Emplacement du four.

La carbonisation des bourrées se fait dans un four de briques, qu'on établit sur le point le plus central relativement aux forêts et aux landes d'où l'on doit extraire les matières à fabriquer.

Dans ce choix on a spécialement égard aux voies de communication: il faut que le four soit desservi par les chemins les mieux entretenus et les moins accidentés. L'eau est nécessaire pour éteindre le poussier à sa sortie du four : on devra par conséquent choisir un endroit qui ne soit pas éloigné d'un puits peu profond, d'une source, d'un ruisseau ou d'un réservoir alimenté par les eaux pluviales.

On s'arrangera pour que le four soit d'un abord facile à l'ouverture supérieure, où l'on jette les bourrées, et à l'ouverture inférieure, d'où l'on retire le produit carbonisé. On satisfait à cette double condition en le plaçant dans le talus qui sépare deux surfaces de niveaux différents. L'ouverture supérieure affleurera à la surface la plus élevée, tandis que l'inférieure correspondra à celle du terrain le plus bas. Ce sera une disposition pareille à celle que l'on remarque pour la plupart des fours à chaux. Les premiers fours que l'on a construits n'étaient pas établis de cette manière. L'ouverture supérieure surpassait le niveau du sol de toute la hauteur du four. L'ouvrier ne pouvait introduire directement les bourrées dans l'ouverture supérieure: il était obligé de les déposer d'abord sur un échafaudage assez élevé et de les reprendre une seconde fois pour les jeter dans le four. Cette double manœuvre augmente les frais de fabrication.

On évitera cet inconvénient en construisant les fours d'après les indications que je viens de donner. A défaut de talus convenable pour l'établissement du four, on pourra l'asseoir en terre plane, en ayant soin de l'enterrer de la moitié de sa hauteur et d'y établir deux plans inclinés, l'un montant à l'ouverture supérieure et l'autre descendant à l'ouverture inférieure et latérale. On fera les travaux nécessaires pour empêcher les eaux pluviales de venir se rassembler au fond du four.

Construction du four.

La figure 7 représente la coupe transversale d'un four construit à la Motte-Beuvron, sur la ferme impériale de la Couscaudière.

Il est de forme carrée : *a* indique le carré intérieur correspondant au sol du four, qui doit être carrelé; *b* est l'ouverture inférieure dont le côté le plus bas est de niveau avec le sol du four; *c* est une surface planchéiée, destinée à recevoir le poussier à sa sortie du four ; elle forme un plan incliné, et la ligne *ed* est de $0^m,60$ plus basse que la ligne *e'd'*, qui se trouve de niveau avec le côté le plus bas de l'ouverture latérale ; la ligne *hk* montre l'épaisseur de la maçonnerie.

La figure 8 représente l'élévation du même four. *b* montre l'ouverture latérale, *f* l'ouverture supérieure,

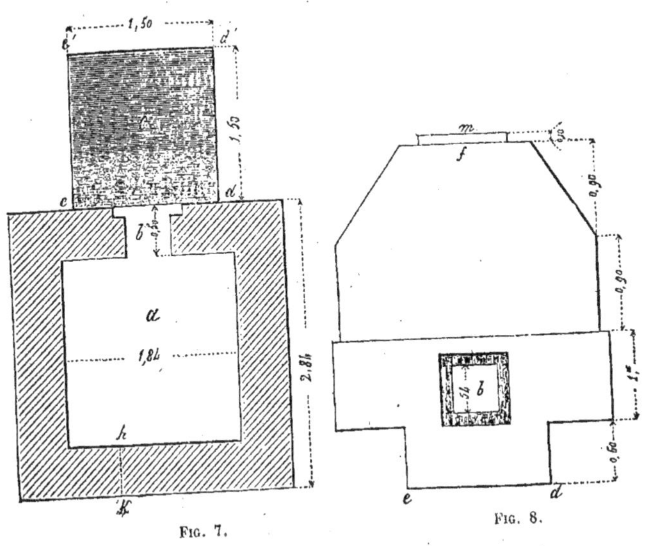

FIG. 7. FIG. 8.

m le couvercle qui bouche cette ouverture pendant la carbonisation. On voit, d'après cette figure, comment la forme extérieure du four se modifie aux différents points de sa hauteur.

La maçonnerie doit être faite de briques parfaitement cuites et de bon mortier. Deux couvercles de tôle servent à fermer les ouvertures suivant les besoins de l'opération.

Carbonisation.

Les bourrées sont réunies en tas isolés dans le voisinage du four à carboniser. Dans la crainte de les voir incendier par la négligence de l'opérateur, on évitera d'en faire une seule grosse meule continue.

On les arrangera de manière qu'elles soient autant que possible à l'abri des eaux pluviales. Les bourrées mouillées sont plus difficiles à carboniser et rendent moins de poussier, surtout quand elles ont été longtemps soumises à l'influence destructive de l'humidité.

L'ouvrier apporte les bourrées près du four et les jette dans l'ouverture supérieure, soit à la main, soit à l'aide d'une fourche de bois. Trente bourrées suffisent pour remplir le four. On y met le feu par l'ouverture latérale; aussitôt qu'il est pris, on ferme cette ouverture qu'on a soin de luter, avec de l'argile afin qu'il ne reste aucun vide pour le passage de l'air. On laisse entr'ouverte l'ouverture supérieure par où s'échappe une épaisse fumée blanche, formée principalement par la vapeur d'eau qui se condense au contact de l'air froid. Tant que cette fumée reste blanche, l'ouvrier s'abstient d'introduire de nouvelles bourrées dans le four; mais il s'empresse de le recharger aussitôt qu'elle perd cette teinte bleuâtre qui est l'indice certain d'un degré assez avancé de carbonisation.

Il continue son opération pendant toute la journée sans retirer le poussier; avant de partir, le soir, il fait une dernière charge de bourrées. Cette fois, il a la précaution de mettre le couvercle en entier sur l'ouverture supérieure, sans toutefois le luter complétement avec de l'argile, de manière à empêcher l'entrée de l'air et la sortie de la fumée. De petites ouvertures sont indispensables pour permettre à la carbonisation de se continuer. D'un autre côté, il ne faut pas que l'air puisse arriver en grande quantité dans le four pendant la nuit, alors que la vapeur d'eau renfermée dans le bois est complétement dissipée; sinon la combustion serait trop active et une partie du poussier serait convertie en cendres.

La carbonisation est complétement achevée quand l'ouvrier revient à son four le lendemain matin. Bien que ce dernier ne soit pas hermétiquement fermé par le haut, la perte du poussier n'a qu'une faible importance. La partie supérieure de ce poussier se trouve seule soumise à l'action de l'air, qui se trouve du reste très tempérée par son mélange avec une grande quantité d'acide carbonique.

L'ouvrier s'empresse de retirer le poussier du four et de l'éteindre aussi complétement que possible. Par l'ouverture latérale, et à l'aide d'une petite ratissoire de fer, il en fait tomber environ 2 hectolitres sur le plan incliné *c*. Il referme immédiatement l'ouverture *b*, et, sans perdre une seconde, il éteint ce poussier enflammé en le mouillant avec de l'eau qu'il fait tomber en pluie, et qu'il a soin de préparer à l'avance dans un arrosoir de jardinier.

Il répand ainsi dix litres d'eau par hectolitre de poussier. Cette quantité d'eau n'est pas suffisante pour que le feu soit complétement éteint; mais, au lieu de recourir à une nouvelle aspersion, on a reconnu que le poussier gagnait en qualité quand on achevait l'opération par un autre procédé connu sous le nom de *roulage*. L'ouvrier, armé d'une ratissoire de bois, se met à remuer ce poussier et à le faire avancer sur une longueur d'environ 10 mètres. Cette matière, retournée sur elle-même et mise en contact avec une surface terreuse et froide, s'éteint d'autant plus vite qu'elle est enveloppée dans une atmosphère mélangée d'acide carbonique et de vapeur d'eau.

Le poussier *roulé* reste exposé à l'air en couches de très faible épaisseur. L'ouvrier le surveille attentivement, et s'empresse de l'éteindre aussitôt qu'il reprend feu sur quelques points.

L'opération du roulage est longue et pénible pour l'ouvrier, il respire une poussière sèche qui l'excite à boire et qui gêne sa respiration. La fièvre épargne rarement ces ouvriers qui, altérés par la chaleur et la poussière, boivent trop abondamment la mauvaise eau du pays.

Un ouvrier met trois heures à éteindre par le roulage 20 hectolitres de poussier.

Le four de la Couscaudière consomme par jour 350 à 370 bourrées, en une journée d'été, quand il est servi par deux hommes, et 260 à 280 s'il n'est conduit que par un seul ouvrier, 360 bourrées rendent 18 à 22 hectolitres de poussier qui contient de la braise dans la proportion de 6 à 15.

Cette braise se sépare du poussier à l'aide d'un crible en fil de fer dont le réseau présente des mailles d'un diamètre de 0m,02. Le rendement en braise varie d'ailleurs suivant la nature des bourrées. Le Chêne en donne plus que le Bouleau, et ce dernier plus que le Pin maritime.

Quant au rendement en poussier, il paraît que ce sont les bourrées de Pin qui atteignent le chiffre le plus élevé. Les soins apportés par l'ouvrier pendant la carbonisation influent également sur le rendement du poussier; on en perd une certaine quantité qui se convertit en cendres quand ce dernier ne sait pas gouverner l'introduction de l'air de manière à ne laisser entrer dans le four que la quantité nécessaire à l'entretien de la combustion.

Pour éviter les ennuis d'une surveillance continuelle, on intéresse l'ouvrier au succès de la carbonisation, et on lui donne pour son travail un prix proportionnel à la quantité de poussier qu'il fabrique. A la Motte-Beuvron il reçoit 15 centimes par hectolitre de poussier.

Les frais de carbonisation pour 100 bourrées s'établissent de la manière suivante :

Achat de 100 bourrées	2 fr.	00 c.
Transport de la coupe au four	1	00
Frais de fabrication pour 6 hectolitres de poussier	0	90
Total	3 fr.	90 c.

On obtient de ces 100 bourrées 6 hectolitres de poussier qui vaut, pris sur place, 50 centimes l'hectolitre, soit 4 francs pour 6 hectolitres. Le bénéfice de la carbonisation serait donc de 0,60 par centaine de bourrées. Dans ces frais je ne compte rien pour le four qui, du reste, coûte peu à établir et peut durer un grand nombre d'années. Cette fabrication opérée par les propriétaires leur achèterait, comme on le voit, leurs bourrées à raison de 2 fr. 60 c. le cent.

Les frais de fabrication, qui sont de 15 centimes par hectolitre, diminueraient sensiblement, si l'on construisait plusieurs fours sur le même point. Pendant que les bourrées se consument, il reste à l'ouvrier trop de temps pour enlever le poussier et approcher les bourrées près du four. Quand il a deux fours à conduire, il charge l'un pendant que les bourrées se carbonisent dans l'autre. Il roule et éteint le poussier de l'un tout en continuant la carbonisation dans le four voisin. Il ne faut pas perdre de vue, toutefois, que la réunion des fours augmente le rayon d'approvisionnement, ce qui nuit à l'économie du transport des bourrées. Si les chemins sont en mauvais état, il sera avantageux de préférer les fours isolés et également espacés. Les frais de fabrication seront plus élevés, mais cette augmentation sera largement compensée par la réduction des frais de transport. L'établissement d'un four n'occasionne qu'une dépense de peu d'importance surtout pour les propriétaires qui fabriquent eux-mêmes la brique et la chaux.

Quant au mobilier de l'ouvrier chargé de la carbonisation, il est d'une excessive simplicité ; il comprend :

1° Une fourche de bois pour mettre les bourrées dans le four;

2° Une ratissoire de fer et à long manche pour relever le poussier du four;

3° Deux arrosoirs de zinc de jardinier;

4° Une ratissoire de bois;

5° Un crible ou passoire de fil de fer;

6° Une mesure de tôle contenant un demi-hectolitre;

7° Une large pelle de tôle recourbée et carrée, ayant 0m,38 de côté, et pourvue d'un manche de bois de 0m,80 de longueur.

De tous ces instruments, il n'y a que la passoire qui demande plus de développement pour être suffisamment comprise. C'est un rectangle dont le plus grand côté a 1 mètre et le plus petit 0m,65; quatre planches, hautes d'environ 0m,25, forment en s'évasant le cadre de la passoire. Le réseau qui en fait le fond, et dont les mailles ont 0m,02 de diamètre, est consolidé par des tringles transversales. On fixe l'instrument à un poteau à l'aide d'un crochet, et une double poignée sert à le tenir pour le mettre en mouvement. C'est avec cette passoire qu'on tire de la bourrée carbonisée, de la braise et du poussier de charbon.

Ces deux produits offrent des qualités qui sont en rapport avec la nature des bourrées qui ont servi à les fabriquer.

CHAPITRE VII.

CONDITIONS DIVERSES DE L'EXPLOITATION DU PIN MARITIME EN SOLOGNE ET EN GASCOGNE.

En Gascogne, le Pin maritime se trouve dans sa véritable patrie. Sous ce climat, qui semble si favorable à sa végétation, il acquiert les plus belles dimensions, et se reproduit indéfiniment sur les surfaces qu'il a une première fois envahies, pourvu qu'elles soient interdites au pacage des troupeaux. Les conditions naturelles de la Sologne sont loin de répondre aussi complétement aux exigences particulières de cette essence ; elle y souffre des intempéries, du climat et de la mauvaise nature du sol. Sans les soins de l'homme, le Pin maritime n'aurait jamais formé de forêts sous cette latitude, et l'on peut affirmer que les semis qui y existent disparaîtraient d'eux-mêmes, si pour les remplacer on n'avait pas recours à des repeuplements artificiels.

Cet arbre séculaire, dans le midi de la France, atteint souvent en Sologne le terme de sa croissance à l'âge de vingt-cinq ou trente ans. Cette grande différence dans la durée de la végétation entraîne naturellement des modifications importantes dans la culture et l'exploitation de cette essence.

Le Landais, qui peut compter sur la longévité de ses pignadas, leur demandera, comme produits principaux, des matières résineuses, des bois de charpente et de sciage; pour lui, le bois de chauffage ne sera qu'un produit accessoire. Le Solonais, au contraire, qui sait que ses Pins sont rarement assez forts pour donner de belles pièces de charpente et pour être soumis à un gemmage définitif, les exploite principalement au point de vue de la production du bois de chauffage.

Le cotret, la bourrée, le charbon de bois, le poussier, tels sont les produits les plus importants qu'on retire des pinières de la Sologne. Çà et là quelques pinières situées dans des sables profonds et frais fournissent des arbres de hautes dimensions, propres à donner des bois de sciage et de charpente.

Dans ces derniers temps on a tiré de la Sologne une abondante fourniture de poteaux pour le télégraphe électrique. On a généralement employé pour cet usage des sujets âgés de vingt à vingt-cinq ans.

Bien que les bois non gemmés paraissent moins durables sous l'eau que le Pin résiné, on a récemment choisi dans les plus belles pinières de la Sologne les arbres les plus forts pour former un pilotis destiné à servir de base à un pont récemment établi sur la Mayenne.

Enfin quelques essais de gemmage semblent prouver qu'il serait avantageux de résiner les Pins de la Sologne, surtout ceux qui doivent disparaître par les éclaircies.

Le gemmage doit être propagé en Sologne avec prudence et circonspection. Rappelons-nous que le Pin maritime, éloigné du Midi, sa véritable patrie, manque généralement de force et de vigueur en Sologne.

Un gemmage trop énergique appliqué à des arbres faibles ou maladifs abrégerait certainement leur durée et leur vie ; il en résulterait un perte de bois que ne compenserait pas la production des matières résineuses.

Ce sont principalement les arbres qui doivent tomber par les éclaircies qu'on peut avec profit soumettre à un résinage énergique. Quant aux sujets réservés pour la garniture définitive du boisement, il sera prudent de les laisser grossir et se fortifier avant de les gemmer.

Dès qu'ils paraîtront assez forts et assez vigoureux *pour supporter sans inconvénient cette opération, on* les incisera avec précaution, n'appliquant qu'une carre à chaque arbre, et donnant à cette carre peu de profondeur et peu de largeur, conditions essentielles pour ménager la santé et la vigueur des Pins résinés.

APPENDICE.

TAUPES ET TAUPIERS.

Je n'ai point ici la prétention de faire l'histoire naturelle de la taupe, on peut la lire dans beaucoup d'excellents ouvrages spéciaux; je me bornerai à décrire mes propres observations sur ce petit animal, que j'ai étudié principalement au point de vue de l'agriculture. La taupe est-elle nuisible, comme on l'a cru généralement jusqu'à ces derniers temps, ou bien a-t-elle des avantages spéciaux qui devraient en défendre la destruction? Il est bien vrai qu'elle appartient aux carnassiers insectivores, et qu'à ce titre elle détruit la larve du hanneton (ver blanc) et beaucoup d'autres insectes. Le ver blanc est l'argument le plus puissant des partisans de la taupe; mais cette larve n'est pas générale, tandis qu'il est bien peu de localités qui ne soient habitées et ravagées par la taupe. Ainsi ce ne serait que dans certains cantons fort restreints qu'elle serait utile pour détruire une larve vorace qui attaque les herbages et les récoltes-racines. A part ces circonstances exceptionnelles, la taupe se nourrirait principalement de vers de terre, dont personne ne se plaint en agriculture. Dieu sait que d'espace elle dégarnit, que de plantes elle fait périr par les galeries multipliées qu'elle établit dans les prairies, dans les jardins et dans les champs cultivés, sans compter la surface perdue par l'emplacement des taupinières. Quel est le cultivateur ou le jardinier qui ne maudit pas la taupe active et laborieuse qui, en une nuit, a soulevé dans de jeunes semis une étendue importante de terrain où les plantes, privées de leurs racines et suspendues en l'air, ne peuvent manquer de mourir ? La prairie inhabitée par le ver blanc n'a qu'à perdre de la présence de la taupe. Ces galeries et ces taupinières sont autant de lacunes qui ne rapportent pas de foin. Je ne pense pas que cette perte soit compensée par le prétendu labour et le prétendu buttage qui résulteraient, suivant certains auteurs, du travail de la taupe. S'il en est ainsi, et je puis dire que mon opinion est basée sur celle de la plupart des cultivateurs, on ne doit pas hésiter, sauf l'exception que j'ai signalée, à détruire un animal dont les ravages sont si manifestes et si incontestables. Avant d'exposer les moyens de destruction appliqués à la taupe, il est indispensable d'entrer dans quelques détails sur ses mœurs, ses habitudes et ses instincts.

On la rencontre partout, dans les sables et dans les argiles, dans les terres sèches et dans les terres fraîches. La sphère de ses opérations semble se proportionner à la ténacité que le sol oppose à ses efforts. En terre légère et sablonneuse, on la voit percer des galeries d'une longueur indéterminée ; elle étend, au contraire, peu ses travaux dans les terres tenaces et argileuses. Ce n'est pas à dire qu'elle dédaigne cette nature de terre, elle s'y plaît, au contraire, soit à cause de la solidité des galeries qu'elle y construit, soit à cause des vers de terre qu'elle y trouve abondamment. Bien qu'elle sache nager et qu'elle parvienne facilement à se défendre dans sa retraite contre l'envahissement des eaux qui baignent les surfaces, elle n'habite pas les endroits bas et humides, à moins qu'elle ne trouve au milieu des terres mouillées quelques points plus élevés, tels que des berges de fossé, où elle peut se construire une demeure saine et commode. Elle se plaît beaucoup dans ces sortes d'oasis, qui la mettent à portée des vers de terre, communs sur les rives des marécages. En général, elle n'aime pas à habiter les surfaces nues et trop évidentes ; elle préfère les endroits abrités par des murs, des buissons et des arbres. Elle sait, par instinct, qu'il est difficile au chasseur de prendre la taupe dont les galeries sont cachées par une végétation quelconque. Ces taupes, retirées dans les berges des fossés, font souvent le désespoir des taupiers. Ces derniers en prendront plus facilement dix en rase campagne qu'une seule retranchée dans une haie ou sur les berges boisées d'un fossé.

La taupe est d'une vigilance et d'une activité remarquables. Elle a l'ouïe excessivement fine, bien que ses oreilles soient à peine visibles au milieu des poils où elles sont cachées; le moindre bruit lui fait peur. Le taupier ou le chien qui veut la surprendre doit marcher doucement, sous peine de la faire immédiatement disparaître. Elle voit parfaitement avec des yeux qui sont plus petits qu'une tête d'épingle. Elle ne craint pas l'eau, et elle se jette souvent à la nage pour se rendre dans une localité qui lui convient: c'est ainsi qu'on explique comment des jardins entourés d'eau ne sont pas exempts des ravages des taupes. A l'âge adulte, c'est un animal solitaire; on dit même que la femelle, redoutant la voracité du mâle pour ses petits, éloigne par la force ce dernier de la taupinière réservée à sa nichée. On ne rencontre la taupe par paire qu'au moment des accouplements. A cette époque, deux piéges placés sur un point d'une seule galerie prennent souvent deux taupes à la fois. La taupe mère vit aussi un certain temps en famille avec ses petits. A part ces circonstances périodiques, la taupe est éminemment solitaire. J'ai essayé, en vain, de faire vivre ensemble, dans une caisse remplie de terre, deux taupes de sexe différent; les batailles étaient continuelles, et la paix ne régnait dans le ménage que lorsque le vainqueur avait tué et dévoré en partie son compagnon de captivité. La taupe déclare une guerre acharnée à tout hôte étranger qui prétend s'installer dans son domaine; elle se bat à outrance avec les autres taupes. les *mulots* et les *belettes* qui, par hasard ou avec de mauvaises intentions, ont pénétré dans ses galeries. Il est rare que l'un des assaillants ne reste pas *sur le carreau*. La belette, quoique plus méchante, succombe à la résistance vigoureuse de la taupe.

Outre les galeries et les taupinières ordinaires, les

taupes élèvent de grosses buttes de terre où elles établissent des sortes de nids sphériques d'un diamètre de 0m,15 à 0m,20.

Ils sont formés de feuilles d'arbres, d'herbes sèches, de feuilles vertes de céréales ou d'autres objets qui sont à sa portée. Quand elle peut choisir ses matériaux, elle préfère la feuille sèche du chêne. Elle ne tire pas les herbes de bas en haut par les racines, comme le prétendent certains auteurs ; elle met toujours le nez hors de terre pour saisir les objets qui entrent dans la construction de son nid. Elle a la sage précaution de ne pas ramasser ses matériaux dans le voisinage de son nid, ce qui trahirait le lieu de sa retraite, surtout quand elle coupe les céréales en herbe. Il m'a paru parfaitement constaté qu'elle prend toujours à la surface du sol les objets destinés à faire son nid et qu'elle ne se sert jamais des racines des plantes.

Ce que l'on appelle improprement le nid de la taupe n'est qu'une retraite chaude et commode qui forme sa demeure habituelle et permanente. Les mâles font leur nid comme les femelles. Cette habitation souterraine est le point central où cet animal industrieux fait converger toutes ses opérations : il est le lieu le plus habité et le plus fréquemment visité. La taupe y arrive par des galeries de toutes sortes, par des voies horizontales ou verticales ; elle y établit ses magasins, qui sont abondamment fournis de pelotons de vers de terre encore vivants, sans doute pour que la conservation en soit plus facile. Cet animal, si fort et si actif dans ses fouilles, ne reste jamais longtemps sans visiter son nid ; il y dort et y prend probablement la plupart de ses repas. Il n'est pas rare de le trouver chaud quand on le découvre soudainement par quelques coups de pioche. Les plus habiles taupiers ne parviennent jamais à surprendre la taupe dans son nid; au premier coup de pioche qu'elle entend, elle disparaît dans ses galeries les plus profondes et les plus cachées. Ce nid est souvent renouvelé, sans être précisément changé de place. Sous la même butte on trouve jusqu'à trois, quatre nids de différents âges. La même taupe établit quelquefois sur divers points plusieurs demeures centrales, qu'elle occupe sans régularité, dans le but probable de déjouer les embûches de ses ennemis. La butte qui cache les nids de la taupe est incomparablement plus forte que les taupinières ordinaires; elle a jusqu'à $0^{m},50$ de hauteur et près de 1 mètre de diamètre.

Le nid de la taupe n'est pas infailliblement sous ces énormes buttes, si faciles à distinguer; quelquefois cet animal le dissimule, par instinct, sous une modeste taupinière ordinaire voisine de la butte principale. C'est la femelle qui use le plus habituellement de cette ruse pour cacher le nid où elle se prépare à déposer ses petits. Les nids placés sous les grosses taupinières sont, suivant l'expression des taupiers, des *faux nids* ou des *nids de mâles*.

Le taupier expérimenté distingue facilement le nid de la femelle de celui du mâle à l'inspection des taupinières et des grosses buttes. Les femelles, moins fortes et plus occupées par les soins de la maternité, remuent des volumes de terre moins considérables, et érigent des taupinières plus petites et plus plates. Les taupinières fournissent, par leur examen, les renseignements les plus précieux aux hommes spéciaux qui se livrent à cette chasse. Les plus capables devinent le sexe de l'animal, l'état de gestation ou de maternité de la femelle, en voyant le nombre des taupinières, leur disposition par rapport aux buttes principales et les différentes voies qui servent de communication entre toutes les taupinières. Parmi ces galeries si multipliées, ils discerneront celle qui forme l'artère principale entre deux centres importants. La taupe qui habite ces parages échappera rarement aux deux piéges que le chasseur placera sur ce chemin mille fois fréquenté dans une journée. D'après ces indications certaines pour un observateur exercé, on conçoit que le taupier peut, dans son propre intérêt, ménager les femelles pleines ou nourrices; c'est ce qu'il ne manque pas de faire avec les propriétaires qui lui donnent une somme fixe par taupe détruite. La femelle fait deux portées par an de quatre ou cinq petits; les jeunes taupes du printemps font quelquefois une portée à la fin de la première année. La première portée des taupes adultes a lieu dans la première quinzaine d'avril; le cultivateur a le plus grand intérêt à les faire chasser à cette époque. Une mère nourrice ou en état de gestation prise dans un piége, c'est quatre ou cinq taupes de moins dans le domaine. Les nichées se trouvent facilement d'après les indications que nous avons exposées précédemment.

Il est important, pour le cultivateur, de vérifier exactement le sexe des taupes qui lui sont remises par le taupier. Les mâles sont plus gros et marqués, sous le ventre, d'une ligne roussâtre ayant 0m,01 de largeur; les femelles présentent une couleur uniforme sous le ventre. Les mamelles sont à peine visibles dans l'état habituel; elles deviennent sensiblement plus grosses et plus apparentes pendant le temps de l'allaitement. Si les nuances sont insuffisantes pour la distinction des sexes, il faut avoir recours à l'examen des organes extérieurs de la génération. L'organe du mâle est plus éloigné de l'anus; il est aussi plus apparent et plus développé.

J'arrive maintenant à indiquer le meilleur mode de destruction. Il n'y a qu'un homme spécial qui puisse prétendre à purger un domaine de taupes; les ouvriers ordinaires ne pourraient conduire cette opération avec l'ordre, la régularité et l'intelligence qui assurent le succès. Le bon taupier connaît les mœurs et les instincts de l'animal qu'il chasse, et ces notions préliminaires lui suggèrent des moyens de destruction qui échapperaient à un ouvrier vulgaire.

Le succès réside tout entier dans l'habileté du taupier, et il y a, sous ce rapport, des différences très grandes parmi les destructeurs de taupes qui offrent leurs services au cultivateur; l'essentiel est de bien choisir. Je ne sais si les taupiers normands sont tous aussi capables, mais j'en ai employé un, cette année (1853), qui m'a satisfait au delà de toutes prévisions : c'est un fin Normand qui ne manque pas d'intelligence, et surtout de cet esprit naturel si commun chez les paysans de cette province. Il quitte la Normandie trois fois par an pour se consacrer à purger de taupes plusieurs propriétés importantes de la Sologne. Au zèle qu'il déploie dans cette chasse, à l'activité qu'il met à explorer la taupinière avec la pioche et les mains, il est facile de deviner qu'il est né avec le génie de sa profession. Ses captures importantes ne permettent aucun doute sur sa rare intelligence de taupier. Il entreprend cette destruction à tant la taupe ou à tant l'hectare, au gré des propriétaires. Sa conduite à l'égard des taupes est réglée sur les conditions du marché. Lui donne-t-on 25 centimes par taupe (c'est le prix ordinaire)prise dans ses piéges, il vise au nombre des victimes plutôt qu'à la perfection du travail. Si, pour un motif quelconque, une taupe évite facilement ses piéges, il n'insiste pas pour la prendre ; il s'empresse de l'abandonner et de s'adresser à un sujet plus facile. Il se préoccupe aussi beaucoup plus des mâles que des femelles, l'espoir des chasses ultérieures. Voici, à ce sujet, ce qui est arrivé à l'un de mes voisins avec le taupier en question. La première fois que ce propriétaire l'employa, il fut convenu qu'il recevrait 25 centimes par taupe. Au bout de deux jours, le taupier lui remit quatre-vingt-neuf taupes, dont soixante-douze mâles. Il est évident que les femelles avaient été épargnées. Ces inconvénients disparaissent avec les marchés qui se règlent d'après les surfaces. On donne, en Sologne, 1 fr. 50 c. à 2 francs l'hectare, sans nourriture ; ce prix est d'autant plus faible que la surface à chasser est plus considérable : 300 hectares, en une ou deux parcelles d'une forme assez avantageuse, seraient facilement entrepris pour 300 francs, sans nourriture. Le taupier commence sa chasse dans les premiers jours d'avril. On ne doit herser les prairies qu'après son passage. Les anciennes taupinières lui sont utiles pour reconnaître les places les plus favorables à la pose de ses piéges. Il explore trois fois dans l'année les prairies qui lui sont confiées. A chaque voyage, il donne aux taupes tout le temps nécessaire pour les attraper. Le payement se fait à la fin de l'année, et l'on peut le subordonner à la perfection du travail. Rien n'est plus facile que de vérifier le nombre et le sexe des victimes; on exige que, tous les jours, le taupier en fasse le recensement devant une personne chargée de cette surveillance. Après le départ du taupier, on étend les vieilles taupinières, et l'on juge, par les nouvelles qui se forment, du nombre de taupes qui ont échappé au chasseur.

Je n'entrerai point ici dans les détails des procédés de destruction, c'est une étude qui concerne plus le taupier que le cultivateur. Pour ce dernier, l'important est que les taupes soient complétement détruites, peu importent les moyens employés. Mon taupier normand ne se sert que de piéges simples et d'une petite pioche à long manche. Ces piéges forment son moyen principal de destruction; il les place par paire dans les meilleurs passages. La pioche a aussi son mérite dans les terres meubles et par certaines journées où les taupes poussent avec activité le travail de leurs galeries superficielles. Le fin taupier, tout en visitant ses piéges, a toujours l'œil attentif sur les taupinières et sur les galeries horizontales. Aussitôt qu'il voit une taupe remuer le sol, il s'en approche à pas lents, intercepte avec le pied la nouvelle galerie de manière à ôter toute retraite à l'animal, et un coup de pioche donné à l'endroit de la fouille livre la taupe au chasseur. La pioche est encore employée à explorer les grosses taupinières qui recèlent les nichées ; elle sert, en outre, à découvrir les galeries et à sonder le terrain. Outre les piéges et la pioche, certains taupiers ont encore recours soit à l'empoisonnement, soit à des chiens dressés à cette chasse. Mon taupier normand se fait fort d'arriver à une destruction presque complète sans autre ressource que les piéges et la pioche. Voici le bulletin de chasse de Désiré Longuet (c'est le nom de mon taupier) pendant les cinq jours et demi qu'il a passés, cette année (1853), au domaine impérial de la Motte-Beuvron.

DATES.	1re LEVÉE		2e LEVÉE		3e LEVÉE		Nichées, nombre de petits.	TOTAL de la journée.	OBSERVATIONS.
	Mâles.	Femelles.	Mâles.	Femelles.	Mâles.	Femelles.			
AVRIL.									
8...........	10	8	4	7	5	6	10	50	13 ont été prises à la pioche ; les 10 petits ont été pris dans 2 nids; le reste a été attrapé par les piéges.
9...........	8	9	7	5	7	9	»	45	6 à la pioche, les autres au piége.
10...........	11	11	7	8	Pluie		9	46	7 — 30 au piége, 9 en 2 nids.
11...........	12	5	9	8	4	7	8	53	7 — 38 — 8 en 2 nids.
12...........	14	10	8	9	9	7	3	60	14 — 47 — 3 en 1 nid.
13 1/2 jour.	6	6	7	6	»	»	»	25	25 — —

TOTAL des taupes détruites...... 279 en cinq jours 1/2.
Moyenne par jour.................. 50

Désiré Longuet procède du centre à la circonférence, et sa chasse finit avec les limites des terres qui lui sont confiées ; il fait trois levées par jour. Du domaine de la Motte-Beuvron il s'est rendu à la terre impériale de la Grillaire, où il exerce son industrie sur une même étendue de prairies. Dans le cours de l'année, et en réunissant les taupes de ses trois voyages, il a atteint le chiffre de 1000 taupes prises sur une étendue de 150 hectares, pour lesquelles il a reçu 200 francs, sans nourriture.

NOTICE

SUR

LA CULTURE DES DUNES

DE CAP-BRETON.

Je crois utile de faire connaître la culture de la vigne pratiquée sur les dunes qui touchent à l'Océan.

A 4 kilomètres et demi du marais d'Orx, du côté de l'Océan, se trouve un petit village nommé Cap-Breton, qui n'est peuplé que de marins et de pêcheurs. Entre la mer et ce village, sur une longueur d'environ 2 kilomètres, on ne voit que des dunes d'un sable mouvant : croirait-on que ces sables si pauvres et si stériles (aucune plante naturelle ne peut y végéter) soient devenus productifs par l'industrie du cultivateur ! les personnes qui l'ignorent n'apprendront pas sans intérêt comment on a tiré parti de ces dunes qui, dans d'autres cantons, semblent vouées à une éternelle stérilité.

Le pêcheur, auquel la tempête laissait du loisir, a choisi dans ces dunes les surfaces déclives qui jouissent de l'exposition de l'est et du sud-est. *Ici l'exposition avait plus de valeur que le sol lui-même.* En effet, dans le golfe de Gascogne, les vents de mer sont si violents, qu'aucun végétal ne peut croître avec succès quand il n'est pas abrité du côté de la mer. On ne devait donc songer à cultiver que les expositions de l'est et du sud-est, qui ont le double avantage de jouir longtemps des rayons solaires et de n'avoir rien à craindre contre les mauvais vents.

En aucune circonstance, l'exposition du sol n'a plus de valeur que sur ces dunes; car toute surface exposée aux vents de mer est impropre à toute espèce de culture, puisque ces vents en emportent le sable et la font changer de forme et de niveau aussi souvent que la mer devient orageuse. Le cultivateur n'a donc dû porter ses vues que sur les expositions est et sud-est. Il a commencé par donner de la stabilité à la surface du sol au moyen des clôtures sèches. Il pousse dans les landes et dans les pinières une bruyère (*Erica scoparia*) haute de 1 mètre, dont les rameaux verticaux et rapprochés forment un excellent abri contre le vent et le sable. Le cultivateur emploie fréquemment cette bruyère pour clôturer ses champs, ses cours et ses jardins; elles les défend parfaitement contre les animaux, le vent et les ensablements. Les déblais du canal de dessèchement, qui porte à la mer les eaux du marais d'Orx, ont fourni un sable que le vent emporte dans les champs voisins; pour l'arrêter, on a recours à cette bruyère: elle ne pourrait être remplacée que par la paille, qui est plus rare, qui coûterait plus cher et durerait moins longtemps. Je reviens au cultivateur de Cap-Breton. Il a donc utilisé cette bruyère pour clore les pentes convenablement exposées, puis il a planté de la vigne sur ces gros sables coquilliers. La vigne y réussit à souhait, et son raisin exquis se vend très cher sur le marché de Bayonne. Maintenant on ne laisse pas inculte le plus petit coin de dune abrité du côté de la mer. J'ai visité plusieurs fois ces vignes renommées pour la qualité de leur raisin. Aux soins qu'on leur prodigue et à la surface qu'elles occupent, j'ai deviné qu'elles formaient la culture principale de ce pays.

On est vraiment étonné de voir cultiver la vigne avec tant d'intelligence dans cette partie du département des Landes, où cette culture n'est qu'exceptionnelle dans les villages circonvoisins.

Plus loin, du côté de Bordeaux, ces dunes s'avancent dans les terres et vont au loin stériliser des champs cultivés, tandis qu'à Cap-Breton on les fixe par des clôtures et l'on en retire de beaux bénéfices par la culture de la vigne.

A Cap-Breton, on fume la vigne avec le guano qui, outre sa propriété de fertiliser le sol, aurait encore celle de faire périr la larve du hanneton, qui fait quelquefois de grands dégâts. Ce guano d'excellente qualité s'achetait au port de Bayonne, à raison de 29 francs les 100 kilogrammes en 1847; on en mettait jusqu'à 200 kilogrammes par hectare.

Voici l'origine de la création de ces vignes:

Les sables mouvants des dunes comblaient, de temps à autre, l'embouchure d'une rivière qui passe à Cap-Breton, ce qui exposait le village à de fréquentes inondations. Pour prévenir ces désastres, il y a environ deux siècles, on fixa les sables en permettant gratuitement d'y planter des vignes fermées de clayonnages.

Voici comment un historien moderne termine la description de Cap-Breton :

« Du côté de l'occident, comme d'une haute falaise, le bourg regarde la mer, dont il n'est séparé que par des dunes, dont les pentes est et sud-est sont plantées de vignes qui, vues du clocher, ressemblent à de vertes draperies posées sur un fond éclatant de blancheur. Elles produisent en assez grande quantité des raisins estimés pour la vente et pour la fabrication de vins rouges et blancs extrêmement délicats, connus sous le nom de *vins de sables.* »

Le même auteur dit plus haut, au sujet du Pin maritime :

« On arrive à Cap-Breton par une forêt de Pins entremêlés de Liéges : le Pin y acquiert les plus belles proportions; on en extrait le suc résineux au moyen d'entailles longitudinales qui, sillonnant le tronc à 3 mètres et demi de hauteur, et formant autour de la tige des cannelures régulières également distantes entre elles, font de chaque Pin en particulier une colonne naturellement striée que surmonte un chapiteau d'éternelle verdure, et, de leur ensemble, un vaste portique sous lequel le voyageur marche continuellement à l'ombre. »

Il faut avouer qu'on ne peut pas faire une description plus poétique du Pin de Bordeaux.

J'ajouterai quelques courts détails historiques sur l'origine de nos grandes pinières et de l'industrie des résines.

En 1683, l'essence dominante des forêts de Cap-Breton et de Labenne avait été le Chêne ordinaire; elle fut remplacée sous Colbert par le Pin maritime.

Colbert avait recréé la marine, et, quoique le Pin maritime existât déjà dans les Landes, il provoqua l'extension de la production de cette essence dans l'intérêt de la marine, y naturalisa l'industrie des résines, dont nous étions tributaires de la Suède : c'est ainsi que le Pin devint dans ces forêts l'essence dominante. Nous devons les fours à la suédoise à Colbert : ce ministre considéra nos matières résineuses en homme d'État; il ne se borna pas à encourager la culture des Pins et à provoquer de nouveaux semis, il fit venir des ouvriers suédois pour diriger les habitants des Landes dans la construction des fourneaux à goudron et dans toutes les autres parties résinières, d'après les procédés connus dans le Nord.

Revenons aux vignes de Cap-Breton et à leur établissement.

On choisit une surface inclinée à l'est, et par conséquent abritée du côté de la mer; on l'entoure de clôtures en ramifications de bruyères quelquefois mélangées de paille, en les assujettissant avec de forts piquets de Pin. La clôture occidentale doit être la plus forte, parce que ce sont les vents de mer qui sont les plus violents et les plus nuisibles à la floraison. On combat les vents du sud par des brise-vent transversaux qui divisent la vigne en petits rectangles de 10 mètres de largeur sur 15 mètres de longueur. Pour planter, on prend des boutures ou des marcottes enracinées. Le mode le plus usité est celui des boutures : les lignes de boutures sont espacées de $0^m,90$, et les boutures sont distantes entre elles de $0^m,30$; çà et là, dans les interlignes, se trouvent des plants isolés destinés à remplacer ceux qui manquent dans les lignes.

Chaque fois que j'allais à Cap-Breton j'étais étonné de voir des femmes occupées à transporter dans les vignes des corbeilles pleines de sable qu'elles tenaient sur la tête ; je pensais que cette opération avait pour but de rechausser la vigne, j'étais dans l'erreur : ces sables sont des sables neufs qui servent à *amender* ou plutôt à *fumer* les vignes. On fume tous les ans, une année avec du sable neuf pris sur des sables réservés pour cet objet près de la vigne, et l'année suivante avec du fumier ordinaire.

Quand on établit une vigne, on a soin de ne pas clôturer toute sa surface ; on en laisse une partie pour les ensablements, à moins qu'on ne soit voisin des sables communaux, où les riverains seulement ont le droit de prendre leur provision annuelle de sable salé.

Le sable dans lequel la vigne a végété un an ou deux ne contient plus ce sel marin, qui donne de la fraîcheur et de la force à la vigne ; il est donc utile de le renouveler : une année, on ensable la vigne sur une épaisseur de 9 à 12 centimètres ; l'année suivante, on la provigne et l'on en fume chaque provin.

L'ensablement exhausse successivement le niveau des

vignes comme celui des plants d'asperges. Les vignes n'étant jamais renouvelées, il en est de vieilles qui, si elles étaient développées, auraient une racine dont la longueur dépasserait 5 mètres; elles sont ensablées à des profondeurs qui varient suivant leur âge.

Le vieux bois disparaissant par les ensablements et les provignages, ces vignes ont toujours l'aspect de jeunes ceps. Le bois sur lequel on a taillé, cette année, à trois ou quatre œils, disparaîtra, l'année prochaine, par le provignage ou par l'ensablement, et *jouera le rôle de racine après avoir rempli celui de tige.*

Remarquons que l'ensablement avec sable neuf et le provignage avec fumier sont deux opérations qui se ressemblent au point de vue physiologique. Le sable neuf, c'est du fumier, et, par l'ensablement de la tige, le provignage est vertical au lieu d'être horizontal. Il faut croire que les parties anciennes des racines deviennent presque inertes par le manque d'air et par l'épuisement du sable où elles ont d'abord végété. Tout à l'heure je disais que le vigneron ne renouvelait jamais sa vigne; si nous nous rendons bien compte de ces opérations, nous verrons au contraire qu'il la renouvelle tous les ans, soit par le provignage, soit par l'ensablement.

Au moyen de petits échalas on monte les ceps à une hauteur de $0^m,50$ à $0^m,60$, pas davantage; car les vents salés leur seraient trop nuisibles lors de la fleuraison.

L'entretien de la vigne consiste en clôtures, brise-vent, ensablement, provignage avec fumure, taille, échalassement et ébourgeonnage. Ces frais montent à

300 francs par hectare. Si l'on ne vend pas son raisin à Bayonne, on récolte, année ordinaire, 70 hectolitres de vin par hectare.

En 1853, ces vins valaient 25 francs l'hectolitre : leur prix moyen est de 20 francs.

Ils sont blancs ou légèrement colorés en rouge, capiteux et deviennent bons en vieillissant; seulement on accuse ces *vins de sables* (c'est le nom du commerce) de casser les jambes.

Quand je donne le chiffre de 70 hectolitres par hectare, j'entends parler d'une récolte ordinaire, et non pas d'une moyenne que l'on obtiendrait en tenant compte des années nulles. Cette moyenne serait beaucoup plus faible que 70 hectolitres. Les vents salés brûlent très souvent les fleurs; voilà quatre années successives qui sont nulles par leur mauvaise influence.

On trouvera ci-contre le plan et le profil des vignes de CAP-BRETON (océan Atlantique).

Légende.

a, a, a, a, clôture en bruyère de $1^m,50$ de hauteur.
b, b, brise-vent en bruyère de 10 mètres en 10 mètres.
c, c, c, c, plants de vignes.
d, sables des alluvions marines formant des dunes.

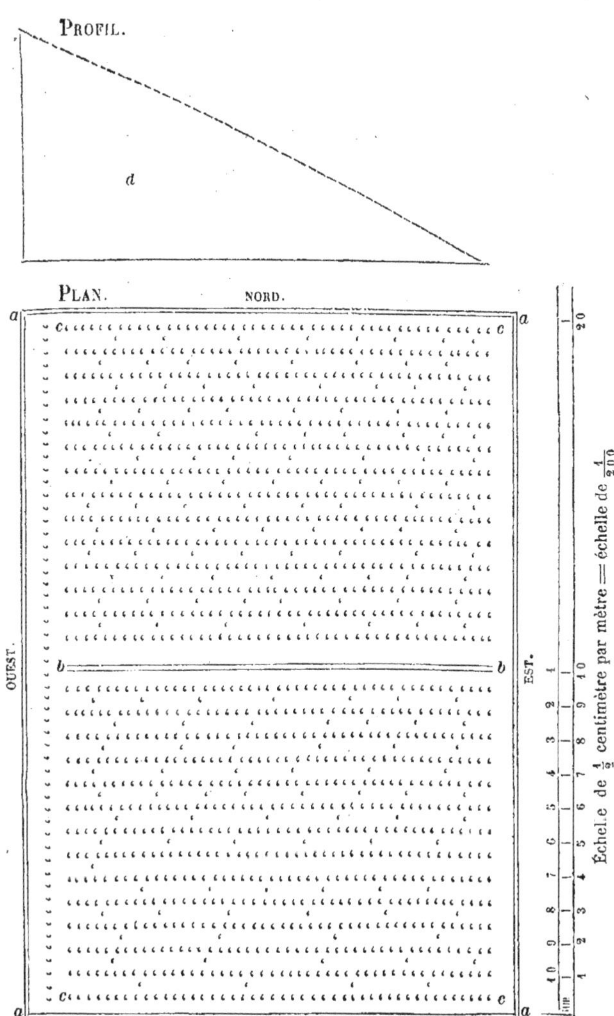
PROFIL.
d
PLAN.
NORD.
SUD.
OUEST.
EST.
Dépôt des sables communaux pour amendement.
Échelle de $\frac{1}{2}$ centimètre par mètre = échelle de $\frac{1}{200}$

Le ver blanc fait beaucoup de ravages à ces vignes, dont il ronge la racine ; on avise au moyen de le détruire par l'emploi du guano. Quand on aperçoit un cep malade, on le coupe pour faire périr le ver blanc, qui est, comme on sait, la larve du hanneton.

NOTICE SUR LES MARAIS

DU DÉPARTEMENT DES LANDES.

J'ai étudié les plantes qui couvrent les surfaces tourbeuses et qui garnissent les étangs des Landes, j'ai pensé que le résultat de ces études pourrait offrir de l'intérêt.

Avant de parler des plantes, j'indiquerai sommairement la nature des terrains des marais dont le sol est de la tourbe.

ÉTUDE DU TERRAIN TOURBEUX.

L'uniformité qui règne dans les formations tourbeuses et vaseuses nous dispense d'entrer dans de longs développements : le sondage des terrains m'a fourni les données suivantes.

Une partie des marais est couverte d'une couche de tourbe dont la puissance varie de 1 à 2 mètres ; cette tourbe est immédiatement suivie d'une vase plus ou moins argileuse qui a dû se former par le dépôt simultané de particules argileuses et de matières organiques tenues en suspension dans l'eau.

L'incinération dans un creuset peut faire connaître, avec une approximation suffisante, les proportions respectives d'argile et des matières organiques qui composent cette vase.

Les parties les plus basses ayant été constamment

immergées par une couche d'eau épaisse de plusieurs mètres, ne se sont jamais couverts de la végétation aquatique qui s'est développée avec tant de luxuriance sur les points les plus élevés des marais. Après l'eau, j'ai trouvé une vase assez analogue à celle qui suit la tourbe. Plusieurs sondages pratiqués sur des points différents me fournissent des échantillons de nature analogue.

La vase varie de couleur et de nature, suivant les différentes profondeurs auxquelles elle est prise.

A la surface, elle est marron et contient beaucoup de débris organiques peu décomposés ; à mesure que l'on sonde plus loin, elle devient plus grise et plus terreuse : cette dernière qualité tient à la décomposition avancée des matières organiques. Elle exhale une odeur styptique qui nous fait prévoir l'emploi indispensable de la chaux pour détruire cette acidité et hâter la décomposition des matières organiques.

Si le desséchement se fait convenablement, il est à présumer que cette vase tourbeuse, amendée par la chaux, formera une excellente terre végétale aussi fertile que celle des bonnes alluvions fluviatiles.

Il est à noter que l'absence de la tourbe, sur certains points des marais, diminuera considérablement les premiers frais de la mise en culture.

La texture de cette tourbe n'est pas la même partout ; elle est plus ou moins fine, plus ou moins régulière, suivant les plantes dont elle est formée, et ceci est important à considérer, car les difficultés de sa dessiccation et de sa destruction seront d'autant plus grandes qu'elle sera plus grossière, plus compacte, plus impénétrable aux instruments aratoires.

Les plantes grasses et fortes, telles que les *Typha*, les *Arundo* et plusieurs joncées et cypéracées, fournissent, par leurs débris une tourbe grossière impropre à servir de sol à la plupart des plantes cultivées ; au contraire, dans les parties moins marécageuses, où les grosses plantes aquatiques ne trouvaient pas les conditions normales de leur existence, la tourbe est plus fine, plus décomposable, plus accessible aux instruments, et pourra, je l'espère, porter et nourrir un certain nombre de plantes assez exigeantes, qui appartiendront à des familles différentes. La végétation spontanée que j'ai observée sur cette tourbe me donne l'espoir que des assainissements convenables et un écobuage superficiel suffiront pour transformer ces pâturages grossiers en une prairie naturelle qui ne sera pas sans qualité. Partout où la terre présente cette texture heureuse et cette composition complexe qui conviennent à beaucoup de plantes, et notamment à des graminées, je ne pense pas qu'il soit avantageux de la soumettre à une destruction complète par l'incinération.

Il serait intéressant de savoir combien la vase appartenant aux couches successives contient de parties organiques, de parties terreuses, d'argile, de sable, de chaux ; combien elle fournirait de cendres par l'incinération, quels sont les éléments principaux de ces cendres ; comment elle se comporte par la dessiccation et par l'humidité, etc.

ÉTUDE DES VÉGÉTAUX.

J'ai eu occasion de citer précédemment les plantes qui croissent naturellement sur les bords de la mer et celles des forêts résineuses; je vais ajouter à cette citation des plantes du département des Landes l'énumération des espèces principales croissant dans les marais, et indiquer quelques-unes des plantes qui sont ou qui peuvent être utilisées en agriculture.

M'attachant plutôt aux plantes utiles qu'à celles qui ne seraient intéressantes que sous le rapport botanique, on ne devra pas s'étonner que je néglige de citer certaines petites espèces qui ne présentent aucune ressource au cultivateur.

Les plantes aquatiques n'aiment pas toutes l'eau ni l'humidité au même degré : les unes se plaisent en pleine eau et sont nageantes ou flottantes au sein des étangs et des grandes masses d'eau; les autres préfèrent une situation intermédiaire, soumise aux alternatives de l'humidité et de l'immersion; d'autres enfin ne prospèrent que sur des surfaces humides, mais exemptes de longues immersions.

Voici le tableau des espèces principales, avec l'indication de l'habitat spécial à chacune d'elles.

Les plantes de pleine eau sont :

Les *Nymphæa lutea* et *alba*, *Typha angustifolia* et *latifolia*, espèces qui sont plus communes dans les eaux dormantes que dans les eaux courantes.

Les *Potamogeton crispum*, *natans*, *lucens* et *pectina-*

tum, *Utricularia vulgaris*, se trouvent dans les eaux dormantes :

Les *Sparganium ramosum* et *simplex*, *Caltha palustris*, *Ranunculus lingua*, *Hottonia palustris*, *Menyanthes trifoliata*, *Alisma plantago*, *Glyceria fluitans*, dans les eaux courantes.

Les plantes qui se plaisent sur les surfaces alternativement humides et immergées sont les suivantes : *Arundo phragmites*, *Schœnus mariscus*, *Iris pseudo-acorus*.

Celles qui croissent sur les surfaces marécageuses rarement immergées, sont : *Hibiscus roseus*, *Eriophorum angustifolium*, *Polystichum thelypteris*, *Abama ossifraga*, *Stachys palustris* et *sylvatica*, *Juncus bufonius*, *Alisma ranunculoides*, *Lobelia urens*, *Alnus glutinosa*, *Myrica gale*, plusieurs *Salix*, *Lithrum salicaria*, *Lysimachia vulgaris* et *nummularia*, *Epilobium molle*, *Juncus conglomeratus*, *Lathyrus palustris*, *Carex Schreberi*, *riparia* et *cæspitosa*, *Lotus corniculatus*, *Anthoxanthum odoratum*, *Molinia cærulea*, *Agrostis canina* et *vulgaris*, *Holcus lanatus*, *Panicum crus-galli*, *Poa trivialis*.

INFLUENCE DE CHAQUE ESPÈCE VÉGÉTALE SUR LA FORMATION DU TERRAIN.

Ces plantes sont citées dans l'ordre de leur affinité pour l'eau. Les premières croissent dans les lieux les plus bas, tandis que les autres croissent dans les parties marécageuses supérieures, au niveau des étangs, et se reliant par une pente insensible aux terres desséchées et cultivées.

Dans cette classification, nous rangeons les plantes d'après les conditions qui sont les plus favorables à leur végétation, sans prétendre que ces conditions soient exclusives et indispensables à l'existence de ces mêmes plantes.

A l'exemple des espèces animales, les plantes savent souffrir et dégénérer avant de succomber à une vie qui n'est plus entourée des meilleures conditions naturelles. Le Nénuphar ne meurt pas par la disparition de l'eau, son élément de prédilection; mais cette privation le rend souffreteux et plus faible dans tous ses organes. De même nous voyons les Carex, le *Schœnus mariscus* et plusieurs autres végéter languissamment dans l'eau, sans succomber à cette nouvelle condition défavorable à leur végétation : c'est probablement dans un but de conservation et de propagation que la nature n'a pas voulu être impérieuse dans les circonscriptions qu'elle a assignées aux espèces végétales.

Les plantes aquatiques ont une utilité que j'appellerai géologique, qui les rend précieuses dans l'exhaussement du niveau du sol des marais.

Favorisées dans leur végétation par la température chaude et humide du sud-ouest de la France, elles deviennent fortes et vigoureuses, et fournissent annuellement une couche abondante de détritus organiques. Les racines s'entrelacent et forment un tissu serré dont les mailles sont remplies par les débris de l'appareil aérien.

Ces couches annuelles et successives constituent un terrain tourbeux, spongieux, éminemment humeux, et dont le niveau s'élève d'une hauteur que j'estime, en moyenne, à 5 centimètres par an.

Quoi de plus intéressant que ces végétaux qui comblent les marais avec les éléments solidifiés de l'eau et de l'atmosphère! L'ingénieur dessèche les étangs à grands frais en faisant baisser le niveau de l'eau; la nature atteint le même but, gratuitement, en exhaussant le niveau du sol sans changer celui de l'eau ; seulement cette dernière procède avec plus de lenteur. Il y a, dans les Landes, des marais où ce remblai naturel a une puissance de 4 mètres; certains de ces marais, d'abord inférieurs au niveau de l'Océan, se sont ainsi exhaussés et desséchés de manière à permettre une culture estivale, telle que celle du maïs.

Ces débris organiques forment une tourbe de formation plus récente encore que celle que l'on extrait des tourbières de la Somme; elle diffère de cette dernière par moins de compacité et par sa décomposition facile sous l'influence des agents atmosphériques. Elle se conserve indéfiniment dans l'eau; seulement elle se tasse à mesure qu'elle est chargée davantage par l'addition successive des couches supérieures.

Ces détritus organiques sont peu propres à la culture des plantes agricoles; ils ne le deviennent que par les façons qui les divisent et les exposent aux actions atmosphériques. L'exposition à l'air et aux gelées, pendant un hiver, y opère une transformation profonde; ils perdent ainsi leur texture, deviennent meubles et friables, et passent de la couleur noire à la couleur grise. La décomposition se continue peu à peu, et en quelques années cette matte (nom de cette tourbe) devient terreuse et prend les caractères d'une terre végétale où domine la substance argileuse : la chaux et la marne favorisent et hâtent cette décomposition. Arrivée à cet état d'amélioration, cette terre végétale, qui résulte de la combustion lente de la matte, devient éminemment propre à la culture du maïs et des prairies naturelles; alors le sol est terreux, mais le sous-sol est tourbeux. Si des canaux le dessèchent et l'assainissent à une assez forte profondeur, ce sol s'affaisse sensiblement dans les premières années de culture ; l'affaissement peut même être assez fort pour que les surfaces desséchées redeviennent marécageuses : on connaît de ces terres tourbeuses qui ont baissé de 1^m,30 après deux ou trois années de culture.

L'observateur ne peut voir sans un vif intérêt ces espèces aquatiques qui transforment les étangs et les marais en plaines cultivées. Il semble que dans ce travail de remblai chaque plante ait son rôle déterminé à l'avance.

Le fond des étangs est comblé par les *Nénuphars*, les *Typha*, les *Scirpus* et les *Potamogeton*, plantes grosses et fortes, dont les débris abondants contribuent puissamment à exhausser le niveau du sol. Ces espèces aquatiques continuent l'œuvre du remblai tant que l'exhaussement du sol n'a pas atteint ou dépassé le niveau habituel des eaux. Si ce dernier cas arrive, privées de leurs conditions naturelles, puisqu'elles ne sont plus baignées par l'eau, elles ne tardent pas à céder leur place à des espèces moins aquatiques : c'est alors qu'apparaît dominant l'*Arundo phragmites*, qui s'accommode volontiers d'une surface alternativement sèche et immergée : c'est la plante de transition entre l'eau et la terre humide, entre l'étang et le marais.

Cette espèce, que je qualifierais volontiers d'amphibie, atteint, dans ces conditions, des proportions étonnantes; elle a la tige grosse comme le petit doigt, haute de 2^{m},50, et chargée de feuilles longues et larges ; elle surpasse toutes les autres plantes par le nombre, la taille, la force et la vigueur. Les débris nombreux de ce gramen l'éloignent peu à peu des immersions intermittentes qui favorisent si bien sa végétation et son développement ; dès lors elle s'affaiblit, languit et disparaît pour être remplacée par des espèces moins marécageuses.

Le *Schœnus mariscus*, non moins robuste que l'*Arundo*, ne craint pas davantage les intermittences d'immersion et d'humidité, mais il semble plus difficile sur la nature des eaux et du sol : il préfère des eaux limoneuses et une matte grasse contenant des parties marneuses ou argileuses.

L'*Iris pseudo-acorus*, qui vit dans les mêmes conditions, n'a pas la même importance que l'*Arundo* et le *Schœnus*, parce qu'il est plus rare et n'a pas le même caractère de domination.

Les surfaces désertées par l'*Arundo* et le *Schœnus*, par suite de l'élévation graduelle du sol, sont bientôt envahies par le *Carex cæspitosa*, qui y domine les autres plantes, non par sa taille et sa force, mais par ses nombreuses touffes vivaces, fortement enracinées et abondamment garnies de feuilles : ces touffes vigoureuses pénètrent profondément dans le sol et forment, à la surface, des reliefs que ne peuvent briser les instruments aratoires ; la pioche seule parvient à les déraciner et à les détruire.

Cette plante, précieuse par sa puissance de remblai, devient un obstacle à la mise en culture des marais par les inégalités dont elle a hérissé les surfaces : la destruction de ces touffes s'appelle *démattement*, et coûte, en moyenne, 50 francs l'hectare.

Nous ne dirons rien des autres plantes qui croissent avec ce carex, parce que toutes ensemble elles contribuent moins que ce dernier à la garniture et à l'exhaussement du sol.

Le *Carex cæspitosa* veut de l'humidité aux racines ; quand il en manque, il périt bientôt et fait place à l'*Agrostis canina*, à l'*Anthoxanthum odoratum* et au *Festuca glauca* : cette dernière espèce se rencontre surtout sur une matte maigre reposant sur un fond sablonneux.

Ces trois graminées dénotent, par leur présence, un dessèchement assez avancé pour permettre la mise en culture des marais ; on peut alors trancher la matte, la diviser et l'ameublir par des labours et des hersages, et y tenter la culture du maïs. Après ces premiers essais de culture, des graminées plus perfectionnées succéderont aux premières.

Le *Panicum crus-galli* abondera en automne dans les maïs, et si l'on abandonne le sol à lui-même, l'*Agrostis vulgaris*, l'*Holcus lanatus*, le *Poa trivialis* et le *Lotus corniculatus* viendront dominer les premières herbes et former la base d'une prairie naturelle, qui ne sera pas sans qualité, si on la défend contre l'envahissement du *Juncus conglomeratus* et de l'*Equisetum palustre*.

Ainsi, depuis les *Nymphæa* jusqu'au *Poa trivialis*, toutes les espèces naturelles des marais des Landes sont utiles; les unes exhaussent et dessèchent les surfaces, et les autres deviennent précieuses pour la formation des prairies naturelles : certaines de ces plantes aquatiques ont une autre utilité plus immédiate et non moins intéressante.

UTILITÉ PARTICULIÈRE DES VÉGÉTAUX SIGNALÉS.

Les feuilles larges et épaisses des nénuphars sont récoltées pendant six mois de l'année pour servir à la nourriture des porcs : on les cueille avec leur pétiole, et on en remplit de petites embarcations qui les transportent au port le plus voisin de l'habitation; on les fait cuire avec le son de maïs. Les propriétés calmantes des nénuphars doivent rendre ce mélange plus nutritif et plus propre à l'engraissement.

Les feuilles des *Typha*, longues de 2 mètres à $2^{m},50$,

servent à tresser des cordes dont on lie le blé et le seigle en gerbes : on les cueille au commencement de juin ; on les laisse sécher, puis on les tord en cordons de 1 centimètre 1/2 de diamètre : deux de ces cordons, tordus ensemble, forment un lien tenace et solide qui ne rompt pas sous un poids de 75 kilogrammes.

On a l'habitude de lier le blé et le seigle en grosses gerbes : une seule pèse environ 50 kilogrammes et forme la charge d'un homme. Les céréales rendant peu et les champs n'étant pas éloignés de la maison, les cultivateurs portent ordinairement ces gerbes sur le dos depuis le champ jusqu'à la grange ; ce mode de rentrer les céréales exige le concours des voisins, qui s'empressent de venir coopérer à une tâche que doit terminer un joyeux banquet : une agriculture perfectionnée n'admettrait ces grosses gerbes liées avec les *Typha* que pour des champs inaccessibles aux voitures.

Le *Carex cæspitosa* est, de toutes les plantes de marais, celle qui a le plus de valeur pour le cultivateur. Jeune et tendre au printemps, elle est broutée volontiers par les animaux ; coupée en vert et donnée à l'étable, elle nourrit bien les bœufs, les ânes et les mulets. Sa végétation est précoce : on en récolte les feuilles dès le mois de mars ; on les coupe avec une faucille. On continue de les récolter pendant les mois d'avril et de mai ; on en coupe en même temps les tiges garnies de fleurs et de fruits, qui sont également mangées par les animaux.

Aucune plante aquatique ne rend d'aussi grands services au cultivateur, dont les provisions d'hiver sont épuisées. Pendant tout le printemps, les communes à portée des marais ne donnent pas autre chose à leurs bœufs, quoique à cette époque ces animaux soient constamment occupés aux semailles du maïs.

Le marais d'Orx, qui est en voie de desséchement, fournit le *Seusque*, nom gascon de ce carex, à six communes environnantes.

Les habitants de ces communes voulaient entraver les opérations de ce desséchement, qui allait faire périr cette plante indispensable, au printemps, à leurs animaux de travail. On cesse de faire manger ce carex quand les fruits se détachent de la tige ; alors il est dur et d'une mastication difficile.

Quelques métayers font ensuite manger les feuilles du *Scirpus lacustris ;* à cet effet, on les arrache afin d'obtenir cette partie blanche et tendre qui végète dans l'eau. Les bœufs ne semblent pas très friands de cette plante ; ils ne la mangeraient pas si on ne les forçait de les prendre en leur mettant dans la bouche bouchée par bouchée.

Les jeunes pousses de l'*Arundo phragmites* sont plus estimées et plus généralement employées; elles arrivent quand le *Carex cæspitosa* cesse de donner, et permettent de gagner le fourrage vert du maïs.

L'*Arundo* se mange depuis la fin du printemps jusqu'au milieu de l'été ; les animaux ne mangent que la tige et les feuilles.

Pour mieux faire comprendre l'utilité des végétaux

marécageux dans l'alimentation du bétail, je résume les plantes qui servent à cet usage pendant toute l'année.

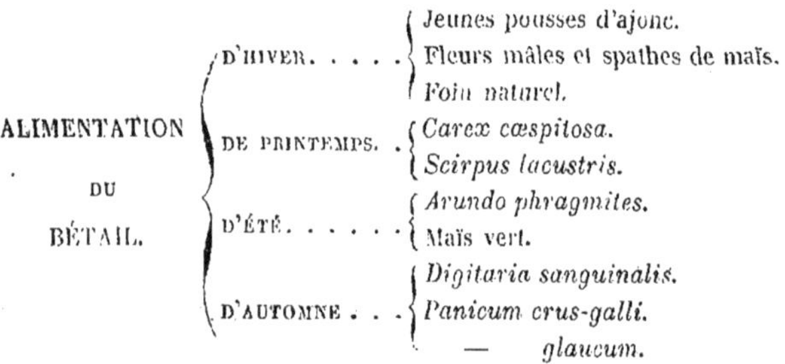

ALIMENTATION DU BÉTAIL.	D'HIVER.	Jeunes pousses d'ajonc.
		Fleurs mâles et spathes de maïs.
		Foin naturel.
	DE PRINTEMPS. .	*Carex cæspitosa.*
		Scirpus lacustris.
	D'ÉTÉ.	*Arundo phragmites.*
		Maïs vert.
	D'AUTOMNE . . .	*Digitaria sanguinalis.*
		Panicum crus-galli.
		— *glaucum.*

Le maïs vert, donné au bétail, provient des sarclages et des éclaircies opérées sur les maïs cultivés pour le grain.

Les terres sablonneuses, emblavées en seigle et en maïs, produisent, en Automne, le *Digitaria sanguinalis* avec profusion ; il est gazonnant et couvre bien le sol sans l'épuiser et le salir, comme le *Cynodon dactylon*, qui végète dans les mêmes conditions, mais non avec la même abondance. Ses racines sont peu développées et nuisent d'autant moins au maïs, que cette plante n'est en pleine végétation qu'après la maturité de ce dernier ; elle est, sous ce rapport, comparable à un fourrage artificiel que l'on sèmerait dans le maïs lors du dernier binage. Le *Digitaria* est tendre et mangé avec avidité par tous les animaux, qui le paissent, attachés au piquet. On le donne aussi en vert à l'étable : on l'arrache facilement à la main, grâce à la nature sablonneuse du sol ; d'autres fois on le coupe à fleur de terre avec une binette à long manche, pour le faner et le conserver comme provision d'hiver.

Cette graminée ne prospère que dans les sables, où elle est la base de l'alimentation d'automne. Les terres argilo-siliceuses produisent, en compensation, le *Panicum crus-galli* et le *Panicum glaucum*, qui rendent les mêmes services aux cultivateurs : ces deux graminées viennent dans les maïs et les chaumes de froment.

Bien loin de les regarder comme des plantes parasites, le cultivateur les voit croître avec plaisir dans ses cultures, et se garderait de donner à ses terres des façons qui nuiraient à cette production. Ces ressources naturelles font moins sentir le besoin des prairies artificielles ; aussi elles sont peu répandues dans ce pays.

Je ne quitterai pas ces terres hautes sans parler de l'Asphodèle blanc, recherché pour les porcs à la fin de l'hiver.

Les coteaux argileux et boisés qui dominent les marais produisent en abondance une forte liliacée, l'*Asphodelus albus*, qui, pendant deux mois de l'année, suffit à la nourriture des porcs de plusieurs communes : les paysans font une lieue par eau pour aller la récolter ; ce sont les feuilles, les tiges et les fleurs cuites ensemble que l'on donne aux porcs.

Voici la description de cet Asphodèle, très estimé par les produits qu'on en tire :

Racine fasciculée, composée de quinze à vingt tubercules allongés, partant tous de la base de la tige. Les tubercules ont 7 à 8 centimètres de longueur et 2 à 3 centimètres de diamètre; leur section, perpendiculaire à l'axe, présente deux couleurs : elle est jaune au centre et devient blanche à la circonférence.

Feuilles, radicales, ensiformes, nombreuses, longues de 60 à 80 centimètres.

Tiges de 1 mètre à 1^{m},30, nues, cylindriques, d'un diamètre de 6 à 8 millimètres.

Inflorescence en épis.

Fleurs blanches avec une ligne verte sur le point dorsal de chaque division du périanthe.

Fruit capsulaire triloculaire, s'ouvrant en trois valves septifères. Chaque loge contient deux graines prismatiques, de moyenne grosseur, recouvertes d'un tégument noir et crustacé.

Cette plante croît spontanément sur les coteaux boisés argilo-siliceux; elle est rare dans les taillis touffus, et devient commune dans la haute futaie, le long des clôtures des champs : on ne la rencontre pas dans les terres cultivées. Elle parcourt rapidement ses phases de végétation, montre ses feuilles dès le mois de mars, et est en fruit dès la fin de mai. Dès le mois d'avril, on récolte ses feuilles, sa tige avec ses fleurs pour la nourriture des porcs, et à la fin de mai on cesse d'utiliser cette plante, devenue trop sèche et trop dure. Les feuilles, grasses, grandes, tendres et charnues, forment la partie la plus utile de cette plante. Cuites dans l'eau bouillante avec le son du Maïs, elles sont volontiers mangées par les porcs.

L'*Erodium cicutarium*, le *Thrincia hirta*, les feuilles des *Nymphæa alba* et *lutea*, les jeunes bourgeons de vigne, sont préparés de la même manière et servent également pour la nourriture des porcs.

Je reviens aux plantes des marais.

Les espèces qui se plaisent dans les eaux courantes exercent une influence fâcheuse sur tout le marais; elles retardent la marche des eaux, les font grossir et causent des immersions préjudiciables aux cultures voisines : les espèces les plus nuisibles par leur nombre et leur volume sont l'*Alisma plantago*, les *Sparganium* et le *Glyceria fluitans*.

Les cultivateurs voisins des cours d'eau forment un syndicat qui a pour mission de faire faucher ces plantes à des époques déterminées : on les coupe ordinairement deux fois par an, aux mois de mai et d'août, à l'aide d'une petite faux à long manche, que l'on manie étant sur le bord du cours d'eau.

Je dois terminer ce que je voulais dire sur la Flore des marais des Landes par l'historique d'une plante magnifique, rare pour le botaniste, et intéressante pour l'agriculteur : je veux parler de l'*Hibiscus roseus*.

Cette brillante malvacée n'a été trouvée en France que sur les bords de l'Adour et dans les marais qui dépendent ou qui sont peu éloignés de ce fleuve; elle commence à croître aux environs de Dax, descend l'Adour jusqu'à Bayonne, reprend, parallèlement à l'Océan, l'ancien lit de ce fleuve, et continue la même route vers l'embouchure de la Gironde, stationnant aux bords des nombreux étangs qui longent l'Océan : cet *Hibiscus* ne se rencontre nulle part hors de cette circonscription limitée par la Gironde, l'Océan et l'Adour.

M. Darracq, naturaliste distingué, pharmacien à Saint-Esprit, s'est chargé depuis longtemps d'enrichir les principaux herbiers de l'Europe de cette intéressante malvacée : plusieurs centaines d'échantillons ont été expédiées par ses soins à Paris, à Londres, à Bruxelles et dans beaucoup d'autres villes importantes.

L'*Hibiscus roseus*, qui n'a probablement d'autre habitat sur le globe qu'une langue de terre qui touche deux départements de la France, se recommande par sa tige, haute de 2 mètres environ, et sa corolle d'un rose éclatant, qui rivalise, pour la beauté, avec celle de l'*Althœa rosea :* elle serait aussi digne que cette dernière d'être mise au nombre de nos plantes d'ornement. Peut-être doit-elle à la nature marécageuse du sol qui lui convient d'être exclue pour toujours de nos jardins d'agrément.

Chargé par M. Darracq de récolter, dans un marais que je desséchais une centaine d'échantillons destinés à l'exportation, je crus pouvoir briser ces tiges sans l'aide d'aucun instrument tranchant; mais je trouvai tant de ténacité dans la fibre corticale de cette plante, qu'il me fut impossible de continuer ma récolte sans me déchirer les mains. Je renonçai à cette opération et résolus de n'attaquer cet *Hibiscus* qu'avec un couteau ou une faucille; je m'en retournai donc vaincu par la ténacité de cette fibre, mais persuadé que je venais de découvrir une nouvelle plante textile. Quelques jours après, je revins faire ma collection d'*Hibiscus*, ayant soin de prendre des tiges entières pour en étudier les propriétés textiles; je les jetai sur un gazon, exposées pendant deux mois aux alternatives des rosées, d'un soleil ardent et de pluies abondantes. Après cette rude épreuve, qui dans ce climat désorganise la plupart des fibres végétales, quel fut mon étonnement en détachant des tiges d'*Hibiscus* une filasse blanche, longue et brillante! Moins fine que le lin et le chanvre, elle semble ne pas leur céder en ténacité.

La tige de l'*Hibiscus roseus* n'est composée que de moelle et de filasse : cette dernière est extérieure, et se détache si facilement de la moelle intérieure et de l'épiderme, qu'elle semblerait pouvoir se passer du rouissage.

L'*Hibiscus roseus*, inférieur au chanvre et au lin pour la finesse, devra les surpasser en rendement. A l'état naturel, les tiges ont 1 centimètre de diamètre et près de 2 mètres de hauteur ; elles végètent aussi serrées que celles du chanvre, et une seule tige contient trois ou quatre fois plus de filasse qu'une tige de chanvre : il est probable que cette augmentation en rendement compensera la finesse. Mais ce qui fait le principal mérite de cet *Hibiscus* comme plante textile, c'est qu'il croît dans des conditions où les cultures du lin et du chanvre seraient impossibles. Cette belle espèce se plaît sur le sol tourbeux des marais des Landes, impropre à la plupart des plantes cultivées; elle ne demande pas, comme ces dernières, un sol amélioré, puisqu'elle végète naturellement sur la matte neuve qui n'a reçu ni façon ni amendement. On peut donc prévoir que la culture de cette plante textile sera avantageuse pour la mise en culture des marais; il n'y aura pas de meilleure plante pour tirer parti des endroits les plus bas, qu'une humidité trop grande rendrait impropres aux plantes cultivées.

L'*Hibiscus* est annuel et se propage facilement par ses graines, qui sont abondantes et paraissent avoir des propriétés oléagineuses.

J'espère aussi que l'on pourra tirer un bon parti, dans la culture des marais, de deux plantes que j'ai citées et qui y croissent spontanément. L'une, le *Poa trivialis* ou Paturin commun, qui habite particulièrement les endroits terreux; il est fort, vigoureux et productif sur les parties améliorées où la matte décomposée a pris un caractère terreux : ce gramen pourra, traité convenablement, composer de bonnes prairies. L'autre, le *Lathyrus palustris*, plante forte et vigoureuse, qui paraît se plaire beaucoup sur la matte et s'y multiplier à l'infini, pourra, je l'espère, fournir un fourrage abondant, et contribuer à augmenter le fumier si nécessaire pour la culture du maïs.

On cultive exclusivement dans le pays deux variétés de maïs, un blanc et un jaune. Le blanc exige une terre plus riche; la farine se mélange plus facilement à celle du froment : en 1846, le blanc se vendait, pour cette raison, plus cher que le jaune. Ici on panifie la farine du maïs en l'associant à celle du seigle. Ce pain de maïs, appelé *méture*, est l'unique nourriture de la classe pauvre : la méture du maïs blanc est plus belle que celle du jaune. L'axe de l'épi ne sert que comme combustible; il brûle sans fumée, en jetant une flamme vive et brillante qui le fait rechercher pour le foyer des salons. Chez les métayers, on s'en sert pour allumer le feu et entretenir la combustion du bois de Pin, que l'on brûle souvent trop vert.

TABLE DES MATIÈRES.

TROISIÈME PARTIE.

CULTURE ET EXPLOITATION DU PIN MARITIME EN GASCOGNE.

QUATRIEME PARTIE.

CULTURE ET EXPLOITATION DU PIN MARITIME EN SOLOGNE.

APPENDICE.

FIN DE LA TABLE DES MATIÈRES.

www.ingramcontent.com/pod-product-compliance
Ingram Content Group UK Ltd.
Pitfield, Milton Keynes, MK11 3LW, UK
UKHW021046220726
13924UKWH00005B/2046